大学物理实验

上

唐军杰 冯金波 王 芳 主 编

叶 青 冷文秀 陈少华 副主编

清华大学出版社

北 京

内 容 简 介

本套书依据《理工科类大学物理实验课程教学基本要求》(2023 年版),在中国石油大学(北京)大学物理实验课程建设及多年的教学改革经验所取得成果的基础上编写而成。

本套书分为上、下两册,主要根据实验方法进行分类,包括基础实验、转换法实验、比较法实验、放大法实验、模拟法实验、近代和特色实验等各类实验共计 47 个。本套书特色鲜明,为大学物理实验课程体系结合各专业差异开展因材施教的教学模式提供了参考,可作为理工科类高等院校大学物理实验课程的教材,也可作为相关工程技术人员及对大学物理实验有兴趣的读者的参考书。

图书在版编目(CIP)数据

大学物理实验. 上 / 唐军杰,冯金波,王芳主编.

北京 : 清华大学出版社,2024. 8. -- ISBN 978-7-302

-67133-6

Ⅰ. O4-33

中国国家版本馆 CIP 数据核字第 2024Q2Q639 号

责任编辑:陈凯仁
封面设计:傅瑞学
责任校对:赵丽敏
责任印制:刘 菲

出版发行:清华大学出版社

    网　　　址:https://www.tup.com.cn,https://www.wqxuetang.com

    地　　　址:北京清华大学学研大厦 A 座　　　邮　　编:100084

    社 总 机:010-83470000　　　邮　　购:010-62786544

    投稿与读者服务:010-62776969,c-service@tup.tsinghua.edu.cn

    质量反馈:010-62772015,zhiliang@tup.tsinghua.edu.cn

印 装 者:艺通印刷(天津)有限公司

经　　销:全国新华书店

开　　本:185mm×260mm　　印　张:12.5　　字　　数:300 千字

版　　次:2024 年 8 月第 1 版　　印　　次:2024 年 8 月第 1 次印刷

定　　价:49.00 元

产品编号:097664-01

前言

本套书依据教育部高等学校大学物理课程教学指导委员会编制的《理工科类大学物理实验课程教学基本要求》(2023年版),在中国石油大学(北京)大学物理实验课程建设及多年的教学改革经验所取得成果的基础上编写而成,适合理工科类各专业大学物理实验课程教学使用。

一直以来,中国石油大学(北京)从事物理实验教学的教师密切关注国内外教学改革的发展状态及不断涌现的新材料、新技术对物理实验教学的影响,结合本校实验教学的特点,经过多年不懈的探索与积累,逐渐形成了具有自己特色的实验教学模式,并在本套书中得以体现,主要表现在以下几个方面。

首先,传统的大学物理实验教材一般按照以下两种方式对实验项目进行分类:一是按照实验内容(力学、热学、电磁学、光学、量子物理)分类;二是按照实验层次(基础性、综合性、设计性、研究性)分类。这两种分类方法有利于教师分内容教学和分层次教学,突出了"教"。本套书按照实验方法进行分类,主要基于两方面考虑:一方面强调实验方法对实验本身的重要性,有利于学生养成"实验思维";另一方面彰显实验方法的共性,有利于学生在自己的专业中"学以致用"。这种分类方法在某种程度上突出了"学",希望能作为对传统实验教材的重要补充,进一步完善实验课的"教学"工作。

其次,信息技术的发展推动了教与学模式的转型升级,传统的教学模式和学习方式正在发生巨大的变化,传统教材和数字化媒体相结合的方式成为新形态教材的主流出版形式,即传统纸质教材与富媒体资源的融合成为必然。强调读者与教材之间的自主交互学习模式是富媒体教材的最大特点,能最大程度满足当今大学生对新事物好奇的心理,激发学生的学习兴趣。本套书是把包含视频、动画、图片、实验演示等互动内容及虚拟现实、增强现实等多种媒体形式与传统的纸质教材有机结合起来编写而成的富媒体教材,这种方式使教学内容丰富多彩、教学方法灵活多样。例如,在"实验8.5 分光计的调节及应用"中,对于仪器分光计的调节方法及过程,教师在实验室对学生进行讲解时,由于演示过程中学生不能看见望远镜镜筒内的实验现象,因此对仪器结构、调节步骤普遍感到困惑,给教学带来诸多不便。而在书中插入媒体资源——"分光计的调节"视频,可让学生直观快捷地了解该仪器的调节方法及步骤。本套书将丰富的数字化教学资源与传统的实验课堂教学相结合,给学生提供了全方位、多角度、立体化的实验教学模式,有利于提高学生的动手能力,培养学生的创新精神。同时,学生使用教学资源丰富的富媒体电子教材进行实验预习,能提高学生的自学能力和预习效果,激发学生对物理实验的学习兴趣,充分挖掘学生的学习潜力,使学生对物理实验的学习在时间和空间上得到延伸,在教学内容上得到拓展。

再次,编者通过多年教学经验的积累,经过积极探索,找到经典内容和现代科技新成就的最佳结合点，在实验教学内容上进行了拓展。教学内容的拓展有利于进一步强化分层次实验教学要求，有利于大学物理实验课程体系结合各专业差异开展因材施教，为实验课程在培养专业性人才方面发挥更有效的作用。从现有的实验项目内容着手，拓展实验教学内容能够更好地培养学生的独立工作能力，拓宽学生的想象空间，开启学生的创新思维，培养和发展学生灵活运用知识的潜在能力和素质，为探索未知世界和后继专业课程的学习打下良好的基础。

最后，为了提高学生的自主学习能力，对每个实验项目都增加了课前预习思考题，以帮助学生提高预习效率。

本书由唐军杰、冯金波、王芳任主编，叶青、冷文秀、陈少华任副主编。其中，唐军杰参与编写了第 1 章、第 4 章、实验 5.1、实验 5.2、实验 6.2、实验 6.5、实验 6.9、实验 6.11、实验 6.12、实验 6.13、实验 6.14（约 15 万字），冷文秀参与编写了实验 6.1、实验 6.10（约 3.5 万字），冯金波参与编写了第 2 章、第 3 章、实验 6.3、实验 6.8（约 6.5 万字），王芳参与编写了实验 6.7（约 1 万字），叶青参与编写了实验 6.4、实验 6.6（约 2.5 万字），陈少华参与编写了实验 5.3（约 1.5 万字）。王芳对本书编写形式的确立及后期的统稿做了大量的工作。本书也是中国石油大学（北京）从事物理实验教学工作者集体智慧与辛勤工作的结晶。编写组成员在编写过程中参考了许多兄弟院校的相关教材，在此表示衷心的感谢！由于编者经验及水平有限，个别疏漏与差错在所难免，我们恳请读者及同行专家不吝赐教并批评斧正。

编　者

2023 年 12 月

目录

第 *1* 章

绪　　论

1. 物理实验课程的重要性和任务

物理学是一门以实验为基础的学科,是所有理工科专业的理论基础。大学物理实验是理工科院校学生受益面最广的基础实验课程,也是学生接受系统实验方法和实验技能训练的开端,在培养学生的实践动手能力、系统思维能力和工程意识等方面具有非常重要的作用。

在现代科学技术高度发展的今天,物理实验的构思、方法和技术仍在各专业领域得到广泛的应用,对各学科的进一步发展起到了极大的促进作用。《理工科类大学物理实验课程教学基本要求》(2023 年版)进一步强化分层次实验教学要求,提倡大学物理实验课程体系结合各专业差异开展因材施教,为不同院校的实验课程在培养专业性人才方面提供了指导性建议。理工科院校的学生毕业后大多从事科学研究和生产技术研究开发工作,经常需要解决科研与生产实际中遇到的各种问题。这些问题往往要通过实验来解决,即使只需从理论出发即可提出解决问题的方法,也常常要先做实验来验证它的可行性。因此,单凭理论知识显然是很不够的,而必须具备一定的实验知识,掌握一系列的实验方法,熟悉并学会使用必要的实验仪器,知道怎样对实验所得的数据进行总结归纳、加工处理,从而找出对解决问题有用的规律与结论,还要懂得怎样计算误差,判断所得规律与结论的可靠性。这就是实验的能力。

物理实验课的目的首先是培养一种严谨求实、理论联系实际的科学素养与工作作风,同时也是进行较为系统严格的科学实验方法的学习训练;其次是为今后进行专业实验方法和实验技能的训练打下一个良好的基础。该课程的主要任务有以下几个方面。

(1) 培养学生对实验现象的观察与分析能力,学会运用物理学原理和物理实验方法来研究物理现象,总结物理规律。

(2) 通过实验训练培养与提高学生的科学实验的素质,培养学生实事求是的科学态度、严谨务实的工作作风及相互协作、共同探索的协同精神。

(3) 培养与提高学生科学实验工作的综合能力,包括自学能力、动手能力、客观观察与思维判断能力、表达书写能力及初步的实验设计能力。

2. 物理实验课规则

(1) 实验前必须认真预习,按要求写出预习报告,并回答教材上列出的思考题;对于某些一时不知如何回答的问题,要在正式实验的过程中寻找答案。不预习实验或达不到预习要求者,不准参加该项目的实验。

（2）应准时到实验室上课。迟到超过学校的规定时间后,不准进行实验。

（3）应独立完成实验任务,并在实验中积极思考；未经教师同意,不得请他人帮忙,并注意保持实验室安静、整洁。

（4）进行实验时要按规定的顺序对号入座,不得自行调换仪器。如遇仪器发生故障,应及时报告指导教师。

（5）操作仪器、连接线路时,必须按有关规程和注意事项进行。因违反规程或违反纪律而损坏仪器者,应填写仪器损坏报告单并按学校规定赔偿。

（6）实验完毕,必须经指导教师检查数据并签字,然后整理仪器使之恢复到实验前的状态,方可离开实验室。每个实验班应由教师安排值日同学,并在实验结束后清扫实验室。

（7）按时提交正式实验报告,同时须附上经教师签字的带有原始数据表的预习报告。如未能按时提交,则教师要在记录本次实验报告成绩时酌情扣分。

（8）无故缺课者不补课。因病因事而缺课者,应持学校规定的请假手续方可安排补课。至学期末,完成的实验个数未达到学校规定数目的学生,不得参加本学期考试,该学期实验成绩按不及格录入。

3. 物理实验课的主要教学环节

物理实验课的主要教学环节一般可分为以下三个阶段。

1）课前的预习

预习要求学生参阅实验教材或有关资料及相关视频课件等,学会归纳出实验原理、方法、实验条件及实验注意事项,把握该实验的实验内容。预习报告中应标明实验名称和实验目的,简要地写出实验原理,列出使用的仪器,概括出实验内容,拟出数据记录表格。书写预习报告时要字迹工整。

2）实验操作

首先应根据教材或仪器说明书熟悉仪器,在教师指导下学会仪器的正确使用方法,否则,绝不可盲目动手。对照实验原理及内容,明确要测的物理量,弄清先测什么、再测什么、最后测什么、如何测等问题,做到心中有数。

实验中,应集中精力仔细观察,认真思考观察到的物理现象；通过正确读数,及时将采集的实验数据和观察到的现象如实地记录下来,尤其是对所谓的反常现象更要仔细观察和分析,不要单纯追求实验过程“顺利”,要养成对观察到的现象和所测得的数据随时进行判断和记录的习惯；如发现记录的数据有错,不要随意涂改,可在错误的数据上划一条横线(如 ~~12.5~~)标记,将正确的数据写在其旁边或补在最后。对实验过程中出现的故障要学会排除。

对两个人或多个人合作的实验,既不要使其中一个人处于被动的状态,也不能一个人包办,应该分工协作、共同参与,从而共同达到预期的实验训练目的。

实验结束后,要将测得的数据交给教师检查,经教师认可实验结果并签字后,才整理实验现场,方可离开实验室。

3）撰写实验报告

实验报告是实验工作的全面总结,是为了培养、训练学生以书面形式总结工作或报告科研成果的能力。撰写实验报告时,要用简明的形式将实验结果完整而又真实地表达出来,要求语句通顺、字迹端正、图表规矩、结果正确,最后认真归纳出实验结论。完整的实验报告,通常包括下列部分。

(1) 实验名称。

(2) 实验目的。

(3) 简要的实验原理、计算公式和必要的附图(电路图、光路图或其他示意图)。

(4) 实验仪器设备(包括其型号)及其主要规格(如量程、精度级别等)。

(5) 实验内容及必要的步骤、原始数据表。

(6) 数据处理或计算过程。

(7) 误差与不确定度的分析或估算(可根据具体实验的要求,做定量、半定量或定性的分析或估算;误差过大时,应分析其原因,并做出合理解释)。

(8) 完整规范的实验结果表达与明确的实验结论。

(9) 必要时的简要讨论(可包括实验过程中观察到的异常现象及其可能的解释,也可以是实验仪器设备和实验方法改进的建议等)。

(10) 对思考题的回答。

第 2 章

物理实验的基本实验方法

　　科学实验,是根据一定的目的,运用必要的物质手段,在人为控制条件下,通过观察和测量来研究自然规律的实践活动。每个实验的目的、原理和仪器通常会有所不同,但其所用的研究方法常会有某种共性。我们把那些有某种共性的实验研究方法,称为基本实验方法。物理实验是以测量为基础的,因此物理学中的实验方法,也常常被称为测量方法。学习和掌握这些基本实验方法,不仅有助于理解已有的科学实验,更能为将来自己设计科学实验提供思路。

　　如果被测量有可用来比较的标准量,可以将被测量与标准量进行比较,而获得被测量的量值(数值＋单位),这种实验方法称为比较法。如果被测量太小,难以或无法进行比较,可以先把被测量放大后再进行测量,这种实验方法称为放大法。如果被测量难以或无法直接测量,可以利用被测量与其他易于测量的物理量之间的关系,通过测量那些易于测量的物理量,来获得被测量的量值,这种实验方法称为转换法。如果自然状态或过程难以(或无法)在实验中实现,可以通过将一种易于实现的状态或过程作为模型,来间接研究原自然状态或过程(原型),前提是模型和原型间存在某种等效性,这种实验方法称为模拟法。

　　几乎每一个实验所用的实验方法,都可以归为以上 4 种基本实验方法中的某一种。在此基础上,一个实验还常常会用到其他典型实验方法。如果能使系统达到某种平衡状态,则可以利用平衡状态时的稳定性,以及偏离平衡状态时的高灵敏度,而使测量的精度更高,这种实验方法称为平衡法。如果某种效应引起的系统变化,能通过相反的效应补偿回来,则可以利用该相反的效应,来消除系统误差,或者获得测量结果,这种实验方法称为补偿法。在一些实验中,这两种实验方法也常常结合使用。例如,用电位差计测量电压时用的实验方法,既是平衡法,也是补偿法;当然,它更是比较法。

2.1　比较法

　　比较法是将相同类型的被测量与标准量进行比较而获得被测量量值的方法。比较法主要有以下两种。

　　1) 直接比较法

　　直接比较法是将被测量与标准量直接进行比较而获得被测量量值的方法。例如,用尺子测量长度、用计时器测量时间等都是直接比较法。

2）间接比较法

间接比较法是利用被测量与其他物理量之间的关系，将同类型的被测量与标准量间接进行比较而获得被测量量值的方法。

用安培表按如图 2-1 所示的方法测量电阻，就是一种典型的间接比较法。该方法利用某种等效状态（电阻相等，则电流相等），将被测量（待测电阻）与标准量（标准电阻）间接进行比较而获得被测量的量值，也称为替代法。曹冲称象是典型的替代法。

实际上，安培表是利用电流在磁场中所受的安培力，来测量电流大小的。其测量电流的方法，本质上属于转换法（电学量→力学量）。但因为电流的大小已经用指针的偏转量表示在安培表的表盘上，所以用安培表测量电流时，可以认为是利用指针的偏转量，将电路中的电流（被测量）与标准电流进行了间接比较。因此，用安培表测量电流、用电压表测量电压或用温度计测量温度，以及其他用直读式仪表进行的测量，都可以被看作直读式的间接比较法。

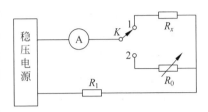

图 2-1　安培表测量电阻的原理

此外，利用电桥平衡法测量电阻、利用共振现象测量振动的频率或利用已知振动与未知振动的频率之比成整数倍时的李萨如图形测量振动的频率，以及其他利用某种特殊现象，将被测量与标准量进行比较的方法，也被看作间接比较法。

2.2　放大法

放大法是先将被测量放大后再进行测量的实验方法。放大法主要有以下四种。

1）累计放大法

把量值变化相等的微小量累计后再进行测量的方法，称为累计放大法。例如，测量单摆的周期，可以通过测量 100 个周期的累计时间来测量；测量细丝的直径，可以通过测量密绕 100 匝的总直径来测量。

2）机械放大法

通过某种机械装置把被测量放大后再进行测量的方法，称为机械放大法。例如，螺旋测微计的放大原理是通过螺旋，把沿螺杆轴线方向的微小位移，转变为圆周上一点移动的弧长；指针式仪表的原理是通过指针的长度，把微小的偏转放大到易读的程度。

3）光学放大法

常见的光学放大法有两种。一种是通过光学仪器成像，直接把被测量进行放大，这种方法称为视角放大法。例如，测微目镜、读数显微镜等都是利用这种方法制成的仪器。另一种方法是通过光路的反射，把微小的角度或角度和长度的微小变化，转换为反射光线在标尺上的显著刻度，这种方法称为光杠杆法。例如，用拉伸法测量钢丝的弹性模量时，可以借助一个由平面镜制成的光杠杆来测量钢丝的微小伸长量；在测量旋转液体表面的倾角时，可以利用液面自身反射形成的光杠杆来测量液面的倾角。

4）电子放大法

将微弱电学量（电压、电流等）通过电子电路放大后再进行观察和测量的方法，称为电子放大法。三极管是最常用的电子放大元件。

2.3　转换法

转换法是将被测量转化为某种易于测量的物理量后，再进行测量的实验方法。那些易于测量的物理量，一般可分为如下几类。

1) 非电量转换为电学量（电压、电阻、电流等）

它是指利用被测量与电学量之间的关系，通过测量电学量来获得被测量的量值。

（1）力电转换。它是指利用某种效应把力学量转换为电学量。例如，利用具有压电效应的石英晶体、压电陶瓷等可以测量压力。

（2）热电转换。它是指利用某种效应把热学量转换为电学量。例如，利用热敏电阻可以测量温度。

（3）磁电转换。它是指利用某种效应把磁学量转换为电学量。例如，利用霍耳效应可以测量磁场。

（4）光电转换。它是指利用某种效应把光学量转换为电学量。例如，利用光敏电阻测量光强；利用光电效应（光电管）测量光强。

2) 被测量转换为力学量（力、加速度、速度等）

（1）电力转换。它是指利用被测量与力学量之间的关系，通过测量力学量来获得被测量的量值。例如，安培表测量电流强度的方法，就是通过测量电流在磁场中所受的安培力，来获得待测电流的大小。

（2）力力转换。它是指利用被测力学量与其他力学量之间的关系，通过测量其他力学量来获得被测力学量的量值。例如，用拉脱法测量液体表面张力系数时，利用拉力、重力和表面张力之间的平衡，把对表面张力的测量转换为对拉力和重力的测量。

3) 被测量转换为描述波动特性的物理量

它是指利用被测量与描述波动特性的物理量之间的关系，通过测量描述波动特性的物理量来获得被测量的量值。

（1）反射和折射法。它是指利用波的反射和折射特性来测量物理量。例如，利用超声波的反射和折射现象，可以测量样品的一些固有特性，可以探明样品内部的结构和缺陷分布情况等，从而完成对样品的检测。

（2）相位比较法。它是指利用相位的特性测量物理量。例如，对波长的测量，可以通过比较在波的传播方向上任意两点的相位来实现，相邻同相点的距离即为波长。

（3）驻波法。它是指利用驻波的特性测量物理量。例如，利用驻波的波节或波腹位置测量波长。

（4）干涉法。它是指利用波的干涉特性测量物理量。例如，利用劈尖干涉现象，可以测量纸片的厚度、头发丝的直径等。

（5）衍射法。它是指利用波的衍射特性测量物理量。例如，利用衍射光栅测量单色光波长；利用激光的衍射测量细丝的直径等。

（6）偏振法。它是指利用波的偏振特性测量物理量。例如，利用偏振光的旋光现象，测量蔗糖溶液浓度。

（7）多普勒效应法。它是指利用波的多普勒效应测量物理量。例如，利用超声波或电磁波的多普勒效应，测量物体运动的速度。

2.4 模拟法

模拟法是通过将一种易于实现的状态或过程作为模型，来间接研究原自然状态或过程（原型）的实验方法。前提条件是，模型和原型间存在某种等效性。模拟法主要有以下三种。

1）物理模拟

物理模拟是以模型与原型之间的物理相似（或几何相似）为基础的模拟方法，即模型与原型间存在基本相同的物理条件。例如，风洞实验（模拟高速运动物体的动力学环境）、流体力学实验（模拟实物的几何形状）、迈克耳孙干涉仪（模拟薄膜干涉）、示波器（利用电子的运动模拟波动信号）。

2）数学模拟

数学模拟是以模型与原型之间的数学相似为基础的模拟方法，即模型与原型满足数学形式基本相同的方程和边界条件。例如，用恒定电流场模拟静电场的实验（模拟静电场的电势分布）。

3）计算机模拟

计算机模拟是通过运用计算机技术，产生虚拟的模型来再现原型的模拟方法。例如，各类数值模拟实验和虚拟仿真实验。

2.5 平衡法

平衡法是利用系统在平衡状态时的稳定性，以及系统偏离平衡状态时的高灵敏度，而使测量的精度更高的实验方法。它主要包括如下几种。

1）力学平衡

它是指利用系统的力学平衡原理测量物理量。例如，用天平称量质量时，杠杆两端力矩相等；用密立根油滴法测量电子电荷时，利用了重力、黏滞力和电场力之间的平衡。

2）电学平衡

它是指利用系统的电学平衡原理测量物理量。例如，用平衡电桥测量电阻时，电桥两端电势相等；用电位差计测量电动势（或电压）时，待测电势差与电位差计输出的电势差相等。

3）热平衡

它是指利用系统的热平衡状态测量物理量。例如，用温度计测量温度时，温度计与被测物体达到热平衡。

4）稳态平衡

它是指利用系统的稳态平衡原理测量物理量。例如，用稳态法测量热导率时，吸热速率与散热速率相等。

2.6 补偿法

补偿法是利用引起系统变化的正、反两种效应的相互补偿，来消除（或明显降低）系统误差，或者获得测量结果的实验方法。它主要包括如下几种。

1) 光程补偿

在"迈克耳孙干涉仪"实验中，利用迈克耳孙干涉仪中的光程差补偿板，可以补偿其中一路光因反射和折射所产生的光程差。

2) 交换补偿

用平衡电桥测量电阻时，交换测量臂与比较臂在电路中的位置进行两次测量，再通过适当的数据处理方法，可以消除因比值不精确而引起的系统误差；用天平称量质量时，交换被称量物和砝码的位置进行两次测量，再通过适当的数据处理方法，可以消除因天平不等臂而引起的系统误差。

3) 换向补偿

用霍耳效应测量磁场时，改变电流和磁场的方向进行多次测量，再通过适当的数据处理方法，可以消除因附加电压而引起的系统误差；用拉伸法测量钢丝的弹性模量时，分别通过对钢丝逐步增加外力和逐步减小外力的方法，可以消除因材料的弹性形变滞后效应而引起的系统误差。

4) 漏热补偿

用电热法测量液体的比热时，初、末态温度可取为与室温上下对称的温度值，这样当温度在高于室温和低于室温的两个过程中，因漏热引起的系统误差可以相互补偿。

5) 电压或电流补偿

用电位差计测量电动势（或电压）时，利用标准电动势补偿待测电动势，而使回路中电流为零，可以得到待测电动势的大小。

第 **3** 章

误差与不确定度的基本知识

3.1　测量

测量是用实验方法获得量的量值的过程。

被测量是拟测量的量。因为测量涉及测量系统和实施测量的条件,它可能会改变研究中的现象、物体或物质,此时实际受到测量的量可能不同于定义的要测量的被测量。此时测得的量值不是被测量的量值,需要进行必要的修正。例如,被测对象是干电池,拟测量的量是干电池两极间的开路电位差(电势差,电压)。当用较小内阻的电压表测量干电池两极之间的电位差时,电位差会降低,因而电压表测得的不是开路电位差。此时,要根据测得的量值和干电池及电压表的内阻计算得到开路电位差。

测得的量值,又称量的测得值,简称测得值。对被测量的重复测量,每次测量可得到相应的测得值,有时也称观测值。由一组独立的测得值计算出的平均值或中位值可作为结果的测得值。作为结果的测得值,我们还常使用术语"被测量的估计值"。

在《测量不确定度评定与表示》(JJF 1059.1—2012)中,测量结果定义为:除了被测量的估计值外,与其他有用的相关信息一起赋予被测量的一组量值。通常情况下,测量结果表示为被测量的估计值及其测量不确定度。对于某些用途而言,如果认为测量不确定度可以忽略不计,则测量结果可以仅用被测量的估计值表示。

直接测量是指不必测量与被测量有函数关系的其他量,就能直接得到被测量量值的方法。例如,用等臂天平测量质量、用电流表测量电流等是直接测量。

间接测量是指通过测量与被测量有函数关系的其他量,才能得到被测量量值的方法。例如,通过测量导线的电阻、长度和截面积算出电阻率的过程是间接测量。

3.2　测量误差

测量误差,简称误差,其定义为:测得的量值减去真值,即

$$\delta = x - \mu \tag{3-1}$$

其中,x 为测得的量值,μ 为真值。由于真值是未知的,测量误差也就是未知的;此时,测量误差是一个概念性的术语,是无法计算的。当存在单个参考量值(约定量值或无穷多次重

复测量得到的平均值）并用参考量值代替真值时，测量误差是可以计算的；此时，测得的量值减去参考量值，实际上只是测量误差的估计值。

上述定义的误差 δ，又称为绝对误差。此外，误差也可以用相对误差 E 的形式表示，即

$$E = \frac{\delta}{\mu} \times 100\% \tag{3-2}$$

测量误差通常分为两类：系统误差和随机误差。系统误差是在重复测量中保持恒定不变或按可预见的方式变化的测量误差。随机误差是在重复测量中按不可预见的方式变化的测量误差。

3.2.1 系统误差

1. 系统误差的来源

系统误差产生的原因是十分复杂的，一般应根据实验中的具体情况来定，但从整个测量过程的各个环节来分析，大体上可分为如下几种。

1) 理论和方法引起的误差

这是指由于实验所用的测量原理有一定的近似性或方法本身的原因而产生的误差。例如，通过测量单摆的周期 T 和摆长 l 计算重力加速度 g 时，所用公式为 $g = \dfrac{4\pi^2 l}{T^2}$，它是在摆角 θ 很小（$\theta < 5°$）时的近似公式，而如果摆角过大，所测 g 值就会产生不可忽略的误差；又如，用伏安法测电阻 $R\left(\text{即 } R = \dfrac{U}{I}\right)$ 时，由于电表内阻的影响，使测得值总是偏大或偏小。这些误差都是有规律可循的。

2) 测量仪器本身不完善带来的误差

(1) 仪器分度不均匀引起的误差，例如，米尺的刻度不均匀，秒表走得偏快或偏慢等。

(2) 仪器结构的缺陷带来的误差，如天平的两个臂长不严格相等。

(3) 仪器的零点误差，如指针式电表的初始示数不为零。

(4) 电学实验中，开关、导线等的电阻不为零带来的误差。

3) 测量仪器未按规定实验条件使用带来的误差

(1) 调整条件引起的误差。

主要指未按规定调整测量仪器而引起的误差。例如规定水平放置的仪器，却倾斜放置；规定需调平衡的仪器，未调平衡就使用。

(2) 环境条件引起的误差。

主要指测量仪器之外的环境中的各种因素引起的误差，如温度、湿度、气压、气流、机械振动、光照、电磁场等。各种仪器在其说明书中都规定了使用条件，如果测量仪器在超出条件规定的环境下工作，就会引起附加误差；有些仪器甚至给出了随环境条件变化而改变的环境误差值，如标准电池的标准电动势的值为 1.018 60 V，要求环境温度为 20℃，如实际温度不等于 20℃，则可以用厂家给出的经验公式对电动势进行温度修正。

4) 测量者生理或心理因素的影响而带来的误差

主要指测量者在使用测量仪器时，由于感官的分辨能力局限、反应滞后、习惯感觉等个人倾向引起的测量误差。

2. 系统误差的处理方法

找出系统误差的目的就是尽量消除或减小它们对测量结果的影响,然而,具体的处理方法只能针对不同测量过程中的特定情况来确定,目前尚不存在一个通用的方法和模式,但根据前人的经验,可以总结出如下的一般性处理原则。

1) 在确定实验方案时避免其产生

(1) 理论和方法引起的误差,可以通过合理选择实验方案来避免或减小。例如,为了避免电表内阻的影响,可以把用伏安法测量电阻改为用电桥法测量电阻。

(2) 仪器本身不完善带来的误差,可以通过改进或校准实验装置来避免或减小。例如,仪器的零点误差,可以在使用前先调零。

(3) 仪器未按规定实验条件使用带来的误差,可以通过事先确定好的使用条件来避免或减小。例如,事先准备仪器规定的使用条件,让仪器在其规定的使用条件下使用。

2) 在实验过程中直接消除

如果无法在实验开始前避免,还可以通过设计适当的实验步骤,采用某些方法来消除或减小系统误差,下面介绍几种常用的方法。

(1) 替代法。

用精密天平称量待测物体的质量 x,当天平平衡后,砝码质量为 Q,设天平两臂长度分别为 l_1 和 l_2,则有 $x = \dfrac{l_1}{l_2}Q$,严格说来,$l_1 \neq l_2$,故 $x \neq Q$,这时可用标准砝码 P 代替待测物,使天平平衡,则仍有 $P = \dfrac{l_1}{l_2}Q$,故得 $x = P$。

(2) 补偿法。

若天平两臂不严格等长,也可以用交换补偿法来消除系统误差。第一次测量时,左物右码得 $x = \dfrac{l_1}{l_2}Q_1$,第二次测量时,左码右物得 $Q_2 = \dfrac{l_1}{l_2}x$,两式相除后,可得 $x = \sqrt{Q_1 Q_2}$。关于用补偿法消除系统误差的其他方法,可以参看 2.6 节。

3) 在数据处理时对实验数据进行修正

如果难以事先避免系统误差的出现,又无法在实验过程中消除,可以通过实验或理论计算求得系统误差 δ_s;然后,对测得值进行修正。设测得值为 x,则修正后的测得值为

$$x_c = x - \delta_s$$

例如,对于千分尺的零点误差、伏安法测电阻时电表内阻引起的误差等,就是这样处理的。

4) 未定系统误差按随机误差处理

某些系统误差虽然存在,但是因技术条件及理论水平的限制,难以确定其大小和正负,也无法消除。这样的系统误差,一般只能估计其限值,称为未定系统误差,需按随机误差来处理。

应强调的是,系统误差往往对测量结果的准确程度起着决定性的作用,因而发现和消除系统误差,无论是在科学实验中,还是在工程技术领域的实际工作中,它都是不可缺少的。但是,这又常常是一项复杂和困难的工作,一般取决于实验者的知识与判断力,而且总是受到人们对客观规律认识水平的限制。从科技发展史来看,一个系统误差的发现和研究,常常导致科学的新发现乃至科学理论的重大突破。例如,开普勒根据行星的实际观测

结果,发现火星轨道与理论计算所得结论之间相差 8′,远远超出了仪器的测量误差范围,致使他放弃了当时的传统理论,建立了"行星运动三定律",而角动量守恒定律和万有引力定律正是在此基础上最终建立起来的;又如,瑞利利用两种方法从空气中提取氮气,发现两个结果所得的氮气密度之间有约 1% 的系统误差,后经多年研究,终于发现了惰性气体,并因此获得了 1904 年的诺贝尔物理学奖。

3.2.2　随机误差

1. 随机误差的来源

随机误差是实验中各种因素的微小变动引起的。根据变动的因素不同,大体上可分为如下几种。

(1) 被测量本身的随机性。例如,放射性物质单位时间内衰变的粒子数。

(2) 测量仪器性能的局限性。一般的测量仪器都有最大允许误差 $\pm \Delta$（其绝对值 Δ 称为误差限）,在误差限内的误差是随机的。

(3) 测量条件的微小变动。例如,温度、湿度、气压、气流等环境条件的微小扰动。

(4) 测量者生理心理因素的微小变动。例如,实验者在各次测量时,在判断、估计或调整操作上的变动性。

2. 随机误差的处理方法

实验中各种因素的微小变动性,使每次的测得值围绕着真值（或参考量值）发生涨落的变化,其变化量就是各次测量的随机误差（或随机误差的估计值）。随机误差的出现,就某一次测量而言,其大小和方向都是不能预知的,不能像已定系统误差那样被消除;但如果对一个量进行足够多次的测量,就会发现其测得值（或随机误差）的分布是有一定规律的。正是由于测得值（或随机误差）的完全随机性,我们可以用概率论与数理统计的方法对其进行研究,并对其大小做出恰当的估计或评定。

3.2.3　测量准确度、测量正确度与测量精密度

对测量结果的评价,在国家计量技术规范文件《通用计量术语及定义》(JJF 1001—2011)中,有如下常用术语。

1. 测量准确度

被测量的测得值与真值间的一致程度,称为测量准确度,简称准确度。测量准确度反映随机误差和系统误差的综合影响程度,是一个定性的概念,不能用数字表示。当测量误差较小时,可以说该测量的准确度高。

需要强调的是,测量准确度与准确度等级是两个不同的概念。在规定工作条件下,符合规定的计量要求,使测量误差（或仪器不确定度）保持在规定极限内的测量仪器（或测量系统）的等别或级别,称为准确度等级。

2. 测量正确度

无穷多次重复测量所得量值的平均值与一个参考量值间的一致程度,称为测量正确度,简称正确度。测量正确度与系统误差有关,与随机误差无关,是一个定性概念,不能用数字表示。当系统误差较小时,可以说该测量的正确度高。

3. 测量精密度

在规定条件下,对同一(或类似)被测对象重复测量所得测得值间的一致程度,称为测量精密度,简称精密度。测量精密度通常用不精密程度以数字形式表示,如在规定测量条件下的标准偏差、方差等。

3.3 用概率论和数理统计的方法分析测得值和随机误差

3.3.1 概率和概率分布

由于各种随机性因素的影响,对被测量进行重复测量时,每次的测得值不是同一个值,而是以一定规律分散在一定区间内的许多值。这个随机变化的测得值,可以用一个变量 X 的取值 x 来表示,这种变量 X 就称为随机变量。这里的规律,指的是有特定的概率分布。

所谓概率,是对随机变量的取值在某个区间内出现(或为某个特定值)的相对频率大小的度量,也是对随机变量的取值落在某个区间内(或为某个特定值)的可能性大小的度量。

给出随机变量取任意给定值(或属于一个给定值集)的概率的一个函数,称为随机变量的概率分布。随机变量在全体值集中的概率为1。一个概率分布可以采用分布函数或概率密度函数表示。

分布函数定义为对于每个 x 值给出了随机变量 X 小于或等于 x 的概率的一个函数,用 $F(x)$ 表示为

$$F(x) = P\{X \leqslant x\}$$

如果随机变量 X 的分布函数 $F(x)$ 能够表示为

$$F(x) = \int_{-\infty}^{x} p(x)\mathrm{d}x, \quad p(x) \geqslant 0$$

则称 X 为连续性随机变量,称 $p(x)$ 为概率密度函数。概率密度函数是分布函数的导数,即 $p(x) = \mathrm{d}F(x)/\mathrm{d}x$。

通俗地说,概率密度函数 $p(x)$ 是单位区间内测得值出现的概率随测得值大小的分布情况。如图 3-1 所示,横坐标为随机变量的取值 x(即测得值),纵坐标为概率密度函数 $p(x)$。由此可见,若已知某个量的概率密度函数为 $p(x)$,则测得值 x 落在区间 $[a,b]$ 内的概率 P 可用概率密度函数 $p(x)$ 从区间下限 a 到区间上限 b 的积分计算得到

$$P\{a \leqslant x \leqslant b\} = \int_{a}^{b} p(x)\mathrm{d}x \tag{3-3}$$

数学上,积分代表了面积。由此可见,概率 P 是概率分布曲线下在区间 $[a,b]$ 内包含的面积。当 $P=90\%$,表明被测量量值有 90% 的可能性落在该区间内,该区间包含了概率分布曲线下总面积的 90%。当 $P=1$,表明被测量量值以 100% 的可能性落在该区间内,也就是

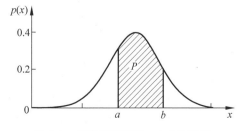

图 3-1 概率密度函数 $p(x)$ 的图像

测得值必定在此区间内。

3.3.2 数学期望和标准偏差

随机变量 X 的数学期望,简称期望,是以概率为权对随机变量 X 的取值(测得值)求得的加权平均值,记为 $E(X)$,又称为随机变量的均值(mean)或期望值(expected value)。

离散型随机变量 X 的数学期望,是无穷多个离散值 x_i 与其相应概率 p_i 的乘积之和,即

$$E(X) = \lim_{n \to \infty} \sum_{i=1}^{n} x_i p_i$$

概率密度函数为 $p(x)$ 的连续性随机变量 X 的数学期望,可用积分计算为

$$E(X) = \int_{-\infty}^{\infty} x p(x) \mathrm{d}x$$

数学期望,描述了随机变量的取值中心。对于单峰、对称的概率分布曲线来说,期望值就是分布曲线峰顶对应的横坐标,即随机变量的取值中心。通俗地说,数学期望是无穷多次测量的平均值。正因为在实际中不可能进行无穷多次的测量,所以有限次测量中的数学期望是可望而不可得的。

随机变量 X 的方差,是随机变量 X 的取值与随机变量 X 的数学期望之差的平方的数学期望,记为 $D(X)$,即

$$D(X) = E\{[X - E(X)]^2\} = \int_{-\infty}^{\infty} [x - E(X)]^2 p(x) \mathrm{d}x$$

随机变量 X 的标准偏差,是其方差的正平方根值,记为 $\sigma(X)$,即

$$\sigma(X) = \sqrt{D(X)} = \sqrt{\int_{-\infty}^{\infty} [x - E(X)]^2 p(x) \mathrm{d}x} \tag{3-4}$$

标准偏差,简称标准差,又称为均方差;与随机变量 X 具有相同的量纲,便于进行比较。标准偏差,描述了随机变量的取值与其数学期望的偏离程度,是表征随机变量或概率分布分散性的特征参数。

下面介绍两种常见的概率分布,以及它们的数学期望和标准偏差。

1. 正态分布

正态分布(又称"高斯分布")的分布曲线如图 3-2 所示,相应的概率密度函数为

$$p(x) = \frac{1}{\sigma \sqrt{2\pi}} \mathrm{e}^{-\frac{(x-\mu)^2}{2\sigma^2}}, \quad \sigma > 0, -\infty < x < \infty \tag{3-5}$$

其中,参数 μ 和 σ 为两个常数。正态分布,常常记为 $N(\mu, \sigma^2)$。把 $\mu = 0, \sigma = 1$ 的正态分布,称为标准正态分布,记为 $N(0,1)$。

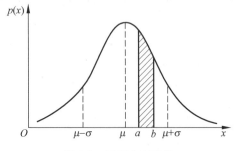

图 3-2　正态分布图像

正态分布的数学期望和方差分别为

$$E(X) = \int_{-\infty}^{+\infty} x p(x) \mathrm{d}x = \mu \tag{3-6}$$

$$D(X) = \int_{-\infty}^{+\infty} (x-\mu)^2 p(x) \mathrm{d}x = \sigma^2 \tag{3-7}$$

这就是说,正态分布中的两个参数 μ 和 σ,分别就是随机变量 X 的数学期望和标准偏差。因此,正态分布完全由其随机变量的数学期望和标准偏差所确定。如图 3-2 所示,μ 在曲线的对称中心的位置,σ 是曲线上两个拐点处的横坐标与 μ 之差的绝对值。

对于正态分布来说,随机变量的取值落在区间 $[\mu-\sigma, \mu+\sigma]$、$[\mu-2\sigma, \mu+2\sigma]$ 和 $[\mu-3\sigma, \mu+3\sigma]$ 内的概率分别为

$$P\{\mu-\sigma \leqslant x \leqslant \mu+\sigma\} = 0.682\ 7$$
$$P\{\mu-2\sigma \leqslant x \leqslant \mu+2\sigma\} = 0.954\ 5$$
$$P\{\mu-3\sigma \leqslant x \leqslant \mu+3\sigma\} = 0.997\ 3$$

可以看到,随机变量的取值落在区间 $[\mu-3\sigma, \mu+3\sigma]$ 内的概率几乎为百分之百,这就是所谓的"3σ 规则"。

正态分布是一种典型的分布规律,实践证明,大量测量的随机误差服从或近似服从正态分布规律。因此,在实际应用中,我们一般按正态分布对随机误差做出估计或评定。

设 $\delta = x - \mu$,则随机变量 X 的概率密度函数可以转换为误差 δ 的概率密度函数,即

$$f(\delta) = p(x-\mu) = \frac{1}{\sigma\sqrt{2\pi}} \mathrm{e}^{-\frac{\delta^2}{2\sigma^2}}, \quad \sigma > 0, -\infty < \delta < \infty$$

此为数学期望为零的正态分布。标准偏差 σ 对正态分布函数曲线的影响,如图 3-3 所示,可以看到,σ 的值越大,数据分散性越大。

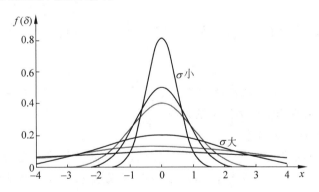

图 3-3 标准偏差 σ 对正态分布函数曲线的影响

2. 均匀分布

假设随机误差 $\delta = x - \mu$ 服从均匀分布,则其分布曲线如图 3-4 所示。相应的概率密度函数为

$$f(\delta) = \begin{cases} \dfrac{1}{2\Delta}, & -\Delta \leqslant \delta \leqslant \Delta \\ 0, & \text{其他} \end{cases} \tag{3-8}$$

其中,Δ 称为误差限。易证,均匀分布的标准偏差为

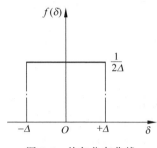

图 3-4　均匀分布曲线

$$\sigma = \sqrt{\int_{-\infty}^{+\infty} \delta^2 f(\delta) \mathrm{d}\delta} = \frac{\Delta}{\sqrt{3}} \qquad (3\text{-}9)$$

对于均匀分布来说，随机误差的取值落在区间$[-\sigma, +\sigma]$内的概率为

$$P = 2\sigma \cdot \frac{1}{2\Delta} = \frac{1}{\sqrt{3}} = 0.577\ 4 \qquad (3\text{-}10)$$

常见的属于此种分布误差的情况有：数据的舍入误差、标尺的读数误差、平衡指示器调零不准引起的误差等。

对于精度要求不高的仪器（如在普通物理实验中所用的仪器），其仪器误差可按均匀分布处理，即若仪器的误差限为$\Delta_{仪}$，则相应的标准偏差为

$$\sigma = \frac{\Delta_{仪}}{\sqrt{3}}$$

3.3.3　算术平均值和实验标准偏差

理想情况下，应该以数学期望$E(X)$作为测量结果的值，以标准偏差$\sigma(X)$表示测得值的分散性。由于数学期望和标准偏差都是以无穷多次测量的理想情况来定义的，所以它们都是概念性的术语。在实际中，无法由有限次的测量得到$E(X)$和$\sigma(X)$，而只能用数理统计的方法，通过样本来推断总体的特性。

在数理统计中，把研究对象的某项数量指标的所有可能观测结果称为总体；每个观测结果称为个体；从总体中抽取出的一部分个体，称为总体的一个样本。所谓从总体中抽取一个个体，就是对总体进行一次观测。样本的观测值，称为样本值。

1. 算术平均值

有限个数值的和与数值个数的比值，称为算术平均值（即数理统计中的样本均值），即

$$\bar{x} = \frac{1}{n} \sum_{i=1}^{n} x_i \qquad (3\text{-}11)$$

由大数定律可以证明，有限个测得值的算术平均值是总体数学期望的最佳估计值。因此，通常用测得值的算术平均值作为测量结果的值。

2. 测量列的实验标准偏差

用有限次测量的数据得到标准偏差的估计值，称为实验标准偏差（即数理统计中的样本标准差），记为$s(x)$。在相同条件下，对被测量X做n次独立重复测量，每次测得值为x_i，可得到一个测量列（在数理统计中称为样本值）：

$$x_1, x_2, \cdots, x_i, \cdots, x_n$$

则该测量列的实验标准偏差$s(x)$，可按贝塞尔法计算得到：

$$s(x) = \sqrt{\frac{1}{n-1} \sum_{i=1}^{n} (x_i - \bar{x})^2} \qquad (3\text{-}12)$$

其中，$\bar{x}$为n次测量的算术平均值；$\upsilon_i = x_i - \bar{x}$为残差。

3. 算术平均值的实验标准偏差

即使在同一条件下对同一量进行多组测量，每组的平均值也不相同，说明算术平均值

本身也是随机变量。若测量列的实验标准偏差为 $s(x)$，则用概率论和数理统计可以证明，算术平均值的实验标准偏差 $s(\bar{x})$ 可由下式计算得到：

$$s(\bar{x}) = \frac{s(x)}{\sqrt{n}} = \sqrt{\frac{1}{n(n-1)}\sum_{i=1}^{n}(x_i - \bar{x})^2} \tag{3-13}$$

3.3.4 抽样分布

在实际中，往往不是直接使用样本本身，而是利用样本的函数进行统计推断。样本的函数，称为统计量，也是一个随机变量；例如，前面提到的算术平均值 $\bar{x}$。统计量的分布，称为抽样分布。当总体的分布确定时，抽样分布也是确定的。

下面介绍统计量的概率分布中两个常用抽样分布。

1. χ^2 分布

设 $X_1, X_2, \cdots, X_v$ 是来自标准正态总体 $N(0,1)$ 的样本，则称统计量

$$\chi^2 = X_1^2 + X_2^2 + \cdots + X_v^2$$

服从自由度为 v 的 χ^2 分布，记为 $\chi^2(v)$，其概率密度函数为

$$f(y) = \begin{cases} \dfrac{1}{2^{v/2}\,\Gamma(v/2)}y^{v/2-1}\,\mathrm{e}^{-y/2}, & y > 0 \\ 0, & \text{其他} \end{cases} \tag{3-14}$$

其中，Γ 为特殊函数，v 为自由度。

所谓**自由度**，是指统计量中所包含独立变量的个数。在实际中，自由度一般为独立重复测量的次数。因为每一次观测都是在相同条件下独立进行的，所以有理由认为 $X_1, X_2, \cdots, X_v$ 是相互独立的（每一次观测之间没有任何关联），且都是与总体具有相同分布的随机变量（在相同条件下对同一个被测量进行观测，每一次的测得值也是随机的）。

2. t 分布

设随机变量 X 服从标准正态分布 $N(0,1)$，Y 服从 $\chi^2(v)$ 分布，并且 X、Y 独立，则称统计量

$$Z = \frac{X}{\sqrt{Y/v}}$$

服从自由度为 v 的 t 分布，记为 $t(v)$，又称学生（student）分布，其概率密度函数为

$$h(z) = \frac{\Gamma[(v+1)/2]}{\sqrt{\pi n}\,\Gamma(v/2)}\left(1+\frac{z^2}{v}\right)^{-(v+1)/2}, \quad -\infty < z < \infty \tag{3-15}$$

其中，Γ 为特殊函数，v 为自由度。如图 3-5 所示，当 v 足够大时，t 分布近似于标准正态分布 $N(0,1)$。

3.3.5 正态分布总体参数（数学期望）的区间估计

在实际测量中，对于一个被测量，我们常常不满足于得到它的最佳估计值（如 $\bar{x}$），还希望估计出一个区间，并知道这个区间包含被测量真值的可信程度。在数理统计中，这类问题被称为区间估计问题。即对于未知的参数，除了求出它的最佳估计值外，我们还希望估计出一个区间，并知道这个区间包含参数真值的可信程度。

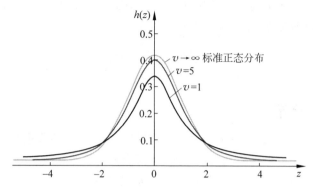

图 3-5   自由度 v 不同时的 t 分布曲线

设在正态分布总体 $N(\mu, \sigma^2)$ 的分布函数中,数学期望 μ 是一个未知参数;对于给定的概率 p,如果能找到一个由样本值 $x_1, x_2, \cdots, x_i, \cdots, x_n$ (测量列)所确定的区间 $[\mu_1, \mu_2]$,而使得

$$P\{\mu_1 \leqslant \mu \leqslant \mu_2\} = p$$

那么,该区间 $[\mu_1, \mu_2]$ 称为参数 μ 的置信区间,而相应的概率 p 称为置信概率。

设 $x_1, x_2, \cdots, x_i, \cdots, x_n$ 为正态分布总体 $N(\mu, \sigma^2)$ 的一个容量为 n 的样本的样本值,$\bar{x}$ 为样本均值,$s(x)$ 为样本标准差;则用概率论和数理统计可以证明,参数 μ 的置信概率为 p 的置信区间为

$$\left[\bar{x} - \frac{s(x)}{\sqrt{n}} t_p(n-1), \bar{x} + \frac{s(x)}{\sqrt{n}} t_p(n-1)\right]$$

其中,$t_p(n-1)$ 是 t 分布在置信概率为 p,自由度为 $v = n-1$ 时的 $t_p(v)$ 值,其值可通过查询表 3-1 得到。

表 3-1 t 分布在不同置信概率 p 与自由度 v 时的 $t_p(v)$ 值

自由度 v	$p/\%$					
	68.27	90	95	95.45	99	99.73
1	1.84	6.31	12.71	13.97	63.66	235.80
2	1.32	2.92	4.30	4.53	9.92	19.21
3	1.20	2.35	3.18	3.31	5.84	9.22
4	1.14	2.13	2.78	2.87	4.60	6.62
5	1.11	2.02	2.57	2.65	4.03	5.51
6	1.09	1.94	2.45	2.52	3.71	4.90
7	1.08	1.89	2.36	2.43	3.50	4.53
8	1.07	1.86	2.31	2.37	3.36	4.28
9	1.06	1.83	2.26	2.32	3.25	4.09
10	1.05	1.81	2.23	2.28	3.17	3.96
11	1.05	1.80	2.20	2.25	3.11	3.85
12	1.04	1.78	2.18	2.23	3.05	3.76
13	1.04	1.77	2.16	2.21	3.01	3.69
14	1.04	1.76	2.14	2.20	2.98	3.64

续表

自由度 v	$p/\%$					
	68.27	90	95	95.45	99	99.73
15	1.03	1.75	2.13	2.18	2.95	3.59
16	1.03	1.75	2.12	2.17	2.92	3.54
17	1.03	1.74	2.11	2.16	2.90	3.51
18	1.03	1.73	2.10	2.15	2.88	3.48
19	1.03	1.73	2.09	2.14	2.86	3.45
20	1.03	1.72	2.09	2.13	2.85	3.42
25	1.02	1.71	2.06	2.11	2.79	3.33
30	1.02	1.70	2.04	2.09	2.75	3.27
35	1.01	1.70	2.03	2.07	2.72	3.23
40	1.01	1.68	2.02	2.06	2.70	3.20
45	1.01	1.68	2.01	2.06	2.69	3.18
50	1.01	1.68	2.01	2.05	2.68	3.16
100	1.005	1.660	1.984	2.025	2.626	3.077
∞	1.000	1.645	1.960	2.000	2.576	3.000

在实际中，n 通常为独立重复测量的次数；自由度 $v=n-1$，是因为计算实验标准偏差 $s(x)$ 时，n 个测得值 x_i 取平均（$\bar{x}$）给了一个限制条件，而使得独立的残差 $v_i=x_i-\bar{x}$ 的项数为 $n-1$ 个（即 n 次测量中只有 $n-1$ 次是独立的，另一次须满足平均值为某一确定值的条件）。

3.4　测量不确定度

3.4.1　测量不确定度的定义和分类

在《测量不确定度评定与表示》(JJF 1059.1—2012)中，测量不确定度定义为根据所用到的信息，表征赋予被测量量值分散性的非负参数，简称不确定度。

赋予被测量的量值，就是我们通过测量给出的被测量的估计值。被测量的估计值，通常为算术平均值，也是一个随机变量，其分散性是由测量过程中的随机误差和未定系统误差导致的。测量不确定度是说明被测量估计值分散性的参数，也是说明测量结果的不可确定程度或可信程度的参数，但它不说明被测量估计值是否接近真值。

测量不确定度的大小，与所用到的信息有关（如某一个测量列）。如果改用另一个测量列，则被测量的估计值及其分散性也会改变（即相应的不确定度也会改变）。所以，在实际中，由一组给定信息（如某一个测量列）评定的测量不确定度，称为被测量估计值的测量不确定度。

为了表征被测量量值的分散性，测量不确定度用被测量的标准偏差表示。因为在概率论中，标准偏差是表征随机变量或概率分布分散性的特征参数。在实际中，无法由有限次的测量得到标准偏差，而是用标准偏差的估计值表示不确定度。估计的标准偏差是一个正值，因此不确定度是一个非负的参数。

在不确定度的实际使用中,往往希望测量结果是具有一定概率的区间,因此规定测量不确定度也可以用标准偏差估计值的倍数或说明了包含概率的区间半宽度表示。这里的区间,即包含区间,其定义为基于可获得的信息确定的包含被测量可能值的区间,被测量量值以一定概率落在该区间内。包含概率定义为在规定的包含区间内包含被测量的可能值的概率。

需要说明的是,对于那些不知道大小的系统误差(即未定系统误差)的量,我们也认为其属于随机变量,也遵循某种概率分布,而这是对经典概率论的一个突破。这就是说,在不确定度评定中谈道的概率与经典概率论中的概率是有区别的(在某种程度上说是一种近似)。为了表明它与经典的概率论和传统的统计学有区别,在测量不确定度的评定中,使用包含概率和包含区间的术语,而不使用置信概率和置信区间的术语。这种区别,在极端情况下会非常明显。比如,未定系统误差不是完全随机的(只是我们还没有意识到),则被测量的最佳估计值可能会明显大于或小于真值;这可能会使以最佳估计值为中心求出的包含区间,完全不包含被测量的真值。

在《测量不确定度评定与表示》(JJF 1059.1—2012)中,测量不确定度可分为如下几种。

标准不确定度,是以标准偏差(实际中用的是标准偏差的估计值,如算术平均值的实验标准偏差)表示的测量不确定度,用符号 u 表示。标准不确定度与被测量估计值的绝对值的比值,称为相对标准不确定度,用符号 u_{rel} 或 u_{r} 表示。

合成标准不确定度,是由各标准不确定度分量合成得到的标准不确定度。对于直接测量量,通过分析和评定测量时导致测量不确定度的各个分量,由这些标准不确定度分量合成得到的标准不确定度,称为直接测量量的合成标准不确定度。对于间接测量量,由测量函数中各直接测量量的合成标准不确定度合成得到的标准不确定度,称为间接测量量的合成标准不确定度。合成标准不确定度,统一用符号 u_{c} 表示。合成标准不确定度与被测量估计值的绝对值的比值,称为相对合成标准不确定度,用符号 u_{crel} 或 u_{cr} 表示。

扩展不确定度,是合成标准不确定度与一个大于1的数字因子的乘积。其中,合成标准不确定度所乘的大于1的数字因子,称为包含因子。扩展不确定度分为两种。一种是用合成标准不确定度的倍数得到,用符号 U 表示,即 $U=ku_{\mathrm{c}}$;另一种是用说明了包含概率 p 的被测量可能值区间的半宽度得到,用符号 U_p 表示,即 $U_p=k_p u_{\mathrm{c}}$。扩展不确定度与被测量估计值的绝对值的比值,称为相对扩展不确定度,用符号 U_{rel} 或 U_{r} 表示。

测量不确定度与测量误差的主要区别如图 3-6 所示。图中,y 为被测量的估计值,U 为扩展不确定度,Y_0 为参考量值,Δ 为被测量估计值的测量误差。

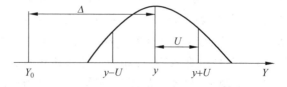

图 3-6　测量不确定度与测量误差的区别

一般情况下,测量不确定度是由多个分量组成的。其中一些分量,可以根据在规定条件下测得的一系列量值,用统计分析的方法进行评定,称为测量不确定度的 A 类评定。另一些分量,可以根据基于经验或其他信息获得的假定的概率分布(先验概率分布),用不同于 A 类评定的方法进行评定,称为测量不确定度的 B 类评定。

3.4.2 标准不确定度的 A 类评定

用对被测量独立重复观测并根据测量数据进行统计分析的方法,得到估计的标准偏差(实验标准偏差),称为标准不确定度的 A 类评定。

对被测量 X,在同一条件下进行 n 次独立重复观测,得到测得值 $x_i(i=1,2,\cdots,n)$。由大数定律可以证明,有限个测得值的算术平均值是总体数学期望的最佳估计值。算术平均值 $\bar{x}$ 的计算公式为

$$\bar{x} = \frac{1}{n} \sum_{i=1}^{n} x_i$$

A 类评定得到的被测量最佳估计值 $\bar{x}$ 的标准不确定度为

$$u_{\mathrm{A}}(\bar{x}) = s(\bar{x}) = \frac{s(x)}{\sqrt{n}} = \sqrt{\frac{1}{n(n-1)} \sum_{i=1}^{n} (x_i - \bar{x})^2} \tag{3-16}$$

其中,$s(x)$ 为用统计方法获得的测量列的实验标准偏差,表征了被测量测得值 x 的分散性;$s(\bar{x})$ 为算术平均值的实验标准偏差,表征了被测量最佳估计值 $\bar{x}$ 的分散性。

A 类评定得到的标准不确定度 $u_{\mathrm{A}}(\bar{x})$ 的自由度,就是实验标准偏差 $s(x)$ 的自由度 $v = n-1$。$u_{\mathrm{A}}(\bar{x})$ 与 $\sqrt{n}$ 成反比,当标准不确定度较大时,可以通过适当增加测量次数以减小其不确定度。

3.4.3 标准不确定度的 B 类评定

借助于一切可利用的有关信息,获得被测量可能值的假定的概率分布(先验概率分布),根据假定的概率分布得到估计的标准偏差,称为标准不确定度的 B 类评定。在评定时,主要分为以下三种情况。

1. 只能估计出被测量可能值区间的上限和下限

在一些情况下,我们只能估计出被测量可能值区间的上限和下限,而被测量的可能值落在区间外的概率几乎为零(即落在区间内的概率几乎为 100%)。其评定的步骤如下。

1) 根据有关信息或经验,判断被测量 X 的可能值区间 $[\bar{x}-a, \bar{x}+a]$

有关信息或经验主要包括:①生产厂提供的技术说明书;②校准证书、检定证书、测试报告或其他文件提供的数据;③手册或某些资料给出的数据;④以前测量的数据或实验确定的数据;⑤对有关仪器性能或材料特性的了解和过去的使用经验;⑥校准规范、检定规程或测试标准中给出的数据;⑦其他有用信息。

根据这些信息,可以获得测量仪器的技术指标,主要包括以下几种。

(1) 仪器的误差限 $\Delta_{仪}$。如螺旋测微计 $\Delta_{仪}=0.004$ mm,则可以取 $a=\Delta_{仪}$。

(2) 仪器的准确度等级。如准确度等级为 0.5 级、量程为 100 mA 的电流表,则 $a = 0.5\% \times 100$ mA $= 0.5$ mA。

(3) 仪器的分辨力。如仪器的最小刻度为 δ_x,则可以取 $a = \delta_x/2$。

此外,还可以根据仪器过去的使用经验,估计出测量的误差限 $\Delta_{估}$,然后取 $a = \Delta_{估}$。

2) 假设被测量 X 可能值在该区间内的概率分布

(1) 若被测量的值落在该区间内的任意值的可能性相同,则可假设为均匀分布;由数

据修约、测量仪器最大允许误差或分辨力、参考数据的误差限、度盘或齿轮的回差、平衡指示器调零不准、测量仪器的滞后或摩擦效应导致的不确定度，通常假设其分布为均匀分布；对被测量的可能值落在区间内的情况缺乏了解时，一般假设其分布为均匀分布。

（2）若落在该区间中心的可能性最大，则假设其分布为三角分布；两个相同均匀分布的合成、两个独立量的和值或差值服从三角分布。

（3）若落在该区间中心的可能性最小，而落在该区间上限和下限处的可能性最大，则假设其分布为反正弦分布。度盘偏心引起的测角不确定度、正弦振动引起的位移不确定度、无线电测量中失配引起的不确定度、随时间正弦或余弦变化的温度不确定度，一般假设其分布为反正弦分布（即 U 形分布）。

（4）已知被测量的分布是两个不同大小的均匀分布合成时，则可假设其分布为梯形分布。

（5）按级使用量块时（除 00 级外），中心长度偏差的概率分布可假设为两点分布。

（6）在实际工作中，可依据同行专家的研究和经验假设概率分布。

3）根据假设的概率分布确定 B 类评定的标准不确定度

根据概率论，各种概率分布都有其确定的标准偏差，如表 3-2 所示。

在实际中，被测量 X 的可能值区间 $[\bar{x}-a,\bar{x}+a]$ 是估计的，概率分布是假设的，因此只能得到估计的标准偏差，即 B 类标准不确定度 $u_{\mathrm{B}}(x)$，其值可以统一用如下公式计算：

$$u_{\mathrm{B}}(x)=\frac{a}{k}$$

式中，k 由假设的概率分布来确定，称为置信因子，其值可通过查询表 3-2 得到。

表 3-2 相应于各种概率分布的标准偏差和 B 类标准不确定度统一公式中的 k 因子

概　率　分　布	标　准　偏　差	k
均匀分布	$a/\sqrt{3}$	$\sqrt{3}$
三角分布	$a/\sqrt{6}$	$\sqrt{6}$
反正弦分布	$a/\sqrt{2}$	$\sqrt{2}$
梯形分布	$a/\sqrt{6/(1+\beta^2)}$	$\sqrt{6/(1+\beta^2)}$
两点分布	a	1

注　β 为梯形上底半宽度与下底半宽度之比。

2. 被测量的随机变化近似服从正态分布

在一些情况下，被测量受许多相互独立的随机影响量的影响，当它们各自的效应是同等量级，即影响大小比较接近时，无论各影响量的概率分布是什么形状，被测量的随机变化都近似服从正态分布。

此时，如果已知包含概率 p 和包含区间半宽度 a，则 B 类标准不确定度统一公式中的 k 因子（也即包含因子）的取值如表 3-3 所示。

表 3-3 不同包含概率 p 所对应的包含因子 k

p	0.50	0.682 7	0.90	0.95	0.954 5	0.99	0.997 3
k	0.675	1	1.645	1.960	2	2.576	3

3. 已知扩展不确定度的情况

若已知扩展不确定度,求标准不确定度,则 B 类标准不确定度统一公式中的 k 因子,就是扩展不确定度的倍乘因子(即包含因子)。例如,已知扩展不确定度 $U = 0.2\ \mathrm{mm}(k=2)$,则评定 B 类标准不确定度时,$k$ 值为 2。

一般情况下,B 类评定的标准不确定度可以不给出其自由度;但有时为了获得扩展不确定度 U_p,而必须求 B 类评定的标准不确定度的自由度时,可按下式作近似计算:

$$v \approx \frac{1}{2} \left[\frac{\Delta u_{\mathrm{B}}(x)}{u_{\mathrm{B}}(x)} \right]^{-2} \tag{3-17}$$

其中,$\Delta u_{\mathrm{B}}(x)/u_{\mathrm{B}}(x)$ 为 $u_{\mathrm{B}}(x)$ 的相对标准不确定度,可以根据经验,按所依据的信息来源的可信程度来判断其大小。表 3-4 列出了按式(3-17)计算出的自由度 v 值。

表 3-4   不同相对标准不确定度所对应的自由度 v 值

$\Delta u_{\mathrm{B}}(x)/u_{\mathrm{B}}(x)$	v
0	∞
0.10	50
0.20	12
0.25	8
0.50	2

例如,考虑到对被测量估计值 x 及其标准不确定度 $u_{\mathrm{B}}(x)$ 的了解,判断 $u_{\mathrm{B}}(x)$ 的值不可靠性大约为 25%,这就意味着相对不确定度取为 $\dfrac{\Delta u_{\mathrm{B}}(x)}{u_{\mathrm{B}}(x)} = 0.25$,因此可得 $v = 8$。

3.4.4 合成标准不确定度 u_{c}

1. 间接测量量的合成标准不确定度

由直接测量量的标准不确定度,通过不确定度传播律计算获得的间接测量量的标准不确定度,称为间接测量量的合成标准不确定度。若间接测量量 Y 是由 N 个直接测量量 X_1,X_2,$\cdots$,X_N 通过测量函数 f 确定的,则被测量 Y 的估计值为

$$y = f(x_1, x_2, \cdots, x_N)$$

被测量估计值 y 的合成标准不确定度 $u_{\mathrm{c}}(x)$ 为

$$u_{\mathrm{c}}(y) = \sqrt{\sum_{i=1}^{N} \left(\frac{\partial f}{\partial x_i} \right)^2 u^2(x_i) + 2 \sum_{i=1}^{N-1} \sum_{j=i+1}^{N} \frac{\partial f}{\partial x_i} \frac{\partial f}{\partial x_j} r(x_i, x_j) u(x_i) u(x_j)} \tag{3-18}$$

式(3-18)称为不确定度传播律。式中,y 为被测量的估计值;x_i、x_j 分别为第 i 和 j 个直接测量量的估计值;$\dfrac{\partial f}{\partial x_i}$ 为被测量与直接测量量之间的函数 f 对于直接测量量 X_i 在其估计值 x_i 处的偏导数,称为灵敏系数,也可用符号 c_i 表示;$u(x_i)$ 为直接测量量估计值 x_i 的合成标准不确定度;$r(x_i, x_j)$ 为直接测量量估计值 x_i 与 x_j 的相关系数。

当直接测量量间均不相关时,相关系数为零,则被测量估计值 y 的合成标准不确定度计算式(3-18)简化为

$$u_{\mathrm{c}}(y) = \sqrt{\sum_{i=1}^{N} \left(\frac{\partial f}{\partial x_i} \right)^2 u^2(x_i)} \tag{3-19}$$

　　需要说明的是，当测量函数 f 为线性函数时，上述不确定度传播律（式（3-19））是严格成立的；而当测量函数 f 为非线性函数时，需按泰勒级数展开，式（3-19）的不确定度传播律只是略去高阶项的一阶近似。

2. 直接测量量的合成标准不确定度

　　如果被测量 Y 为直接测量量，则应该分析和评定测量时导致测量不确定度的各个分量 u_i；若各个标准不确定度分量 u_i 间不相关，且各个不确定度分量影响测得值的灵敏程度可以假定为一样，则直接测量量的合成标准不确定度 u_c 可按下式计算：

$$u_c = \sqrt{\sum_{i=1}^{N} u_i^2} \tag{3-20}$$

　　例如，用游标卡尺测量工件的长度，被测量的估计值 y 就是游标卡尺上的读数 x。在分析用游标卡尺测量长度时影响测得值的各种不确定度来源，如温度的影响等时，应注意将测量不确定度分量的计量单位折算到被测量的计量单位。如温度对长度测量的影响导致长度测得值的不确定度，应该通过被测件材料的温度系数将温度的变化折算到长度的变化。

　　直接测量量的 A 类标准不确定度和 B 类标准不确定度通常不相关，其合成标准不确定度可按下式计算：

$$u_c = \sqrt{u_A^2 + u_B^2} \tag{3-21}$$

3. 合成标准不确定的有效自由度

　　合成标准不确定度 $u_c(y)$ 的自由度，称为有效自由度，用符号 v_{eff} 表示。它说明了评定的 $u_c(y)$ 的可靠程度，v_{eff} 越大，评定的 $u_c(y)$ 越可靠。当需要评定扩展不确定度 U_p 时，为求得包含因子 k_p，必须计算 $u_c(y)$ 的有效自由度 v_{eff}。

　　当被测量 Y 的各不确定度分量间相互独立，且被测量 Y 接近正态分布或 t 分布时，合成标准不确定度的有效自由度通常按韦尔奇·萨特思韦特（Welch-Satterthwaite）公式计算：

$$\begin{cases} v_{eff} = \dfrac{u_c^4(y)}{\displaystyle\sum_{i=1}^{N} \dfrac{u_i^4(y)}{v_i}} \\[4mm] v_{eff} \leqslant \displaystyle\sum_{i=1}^{N} v_i \end{cases} \tag{3-22}$$

式中，$u_c(y)$ 为被测量估计值 y 的合成标准不确定度；$u_i(y) = \dfrac{\partial f}{\partial x_i} u(x_i)$，$u(x_i)$ 为各标准不确定度分量；v_i 为各不确定度分量的自由度；N 为各不确定度分量的个数。

　　实际计算中，得到的有效自由度 v_{eff} 不一定是一个整数。如果不是整数，可以采用内插法或将 v_{eff} 的数字舍去小数部分取整。例如，计算得到 $v_{eff} = 12.85$，则取 $v_{eff} = 12$。

3.4.5　扩展不确定度 U 和 U_p

1. 扩展不确定度 U

扩展不确定度，是被测量可能值包含区间的半宽度。扩展不确定度分为 U 和 U_p

两种。

在给出测量结果时,一般情况下报告扩展不确定度 U。扩展不确定度 U,由合成标准不确定度 u_c 乘包含因子 k 得到,即

$$U = k u_c$$

测量结果可表示为

$$Y = y \pm U \tag{3-23}$$

式中,y 为被测量 Y 的最佳估计值。式(3-23)表示,被测量 Y 的可能值以较高的包含概率落在区间 $[y-U, y+U]$ 内,即 $y-U \leqslant Y \leqslant y+U$,扩展不确定度 U 是该包含区间的半宽度。包含因子 k 的值,是根据 $U = k u_c$ 所确定的区间 $[y-U, y+U]$ 需具有的包含概率的大小来选取的,k 值一般取 2 或 3。

当 y 的概率分布近似为正态分布,且 $u_c(y)$ 的有效自由度较大时,若 $k=2$,则由 $U=2u_c$ 所确定的区间具有的包含概率约为 95%。若 $k=3$,则由 $U=3u_c$ 所确定的区间具有的包含概率约为 99%。

在大多数情况下取 $k=2$,当 k 取其他值时,应说明其来源。当给出扩展不确定度 U 时,一般应注明所取的 k 值;若未注明 k 值,则指 $k=2$。需要说明的是,用 k 乘 u_c 并不提供新的信息,仅仅是不确定度的另一种表示形式。

2. 扩展不确定度 U_p

当要求扩展不确定度所确定的区间具有接近于规定的包含概率 p 时,扩展不确定度用符号 U_p 表示,其值为

$$U_p = k_p u_c$$

其中,k_p 是包含概率为 p 时的包含因子。当包含概率 p 为 95% 或 99% 时,分别表示为 U_{95} 和 U_{99}。

根据中心极限定理,当不确定度分量很多,且每个分量对测量结果的不确定度影响的大小差不多时,其合成分布接近正态分布。也就是说,对于绝大多数被测量,都可以认为是服从正态分布的。但是通过有限次测量得到的测量列,只能算是正态分布总体的一个样本,所以只能用数理统计的方法,通过样本来推断总体的特性。根据 3.3.5 节中所得到的结论,应取 k_p 值为 t 分布时的 t 值。

t 值是随包含概率 p 和有效自由度 v_{eff} 的不同而不同的,所以写成 $t_p(v_{eff})$ 值。其值可根据合成标准不确定度 $u_c(y)$ 的有效自由度 v_{eff} 和需要的包含概率 p 通过查询表 3-1 得到。该 $t_p(v_{eff})$ 值即为包含概率为 p 时的包含因子 k_p 的值,即

$$k_p = t_p(v_{eff})$$

扩展不确定度 $U_p = k_p u_c$,提供了一个具有包含概率为 p 的区间 $y \pm U_p$。在给出 U_p 时,应同时给出有效自由度 v_{eff}。

需要注意的是,若确定被测量可能值的合成分布不是正态分布,则不能用查 t 值表的方法求得 U_p,而应根据不同的合成分布来确定 k_p 的值。若合成分布接近均匀分布,则取 $k_{95} = 1.65, k_{99} = 1.71, k_{100} = 1.73$;接近两点分布,取 $k_{99} = 1$;接近三角分布,取 $k_{99} = \sqrt{6}$;接近反正弦分布,取 $k_{99} = \sqrt{2}$。被测量估计值的扩展不确定度如果采用了上述各种分布的 k_p 值,必须说明所取的 k_p 值及选取的理由。

3.5　有效数字

3.5.1　有效数字的基本概念

在数学中，对于一个数值，从左边第一位非零数字至右边最后一位数字，都称为有效数字。在实验中，测得值都是含有误差的数值，对于这些数值的尾数不能随意取舍，究竟应该写出几位数字，要根据测量误差或实验结果的不确定度来定，这样定下来的数字，称为有效数字。

一个数值的所有有效数字占有的位数，称为该数的有效位数。例如，用两种方法（或工具）测量同一个物体的长度，分别得到 $L_1 = 25$ mm 与 $L_2 = 25.00$ mm。这两个数值，在数学上它们的大小是相等的，但在实验中作为表示测量结果的数值，二者的含义却相差悬殊。因为 L_1 的有效位数是 2，而 L_2 的有效位数是 4，数值 25 的不确定度可能大致与 1（或 0.5）同数量级，而数值 25.00 的不确定度可能大致与 0.01（或 0.005）同数量级，两种测量结果的精密度大不相同，所以，测量数值的数字后面的"0"不能随意省掉。

需要注意的是，如果一个数值是小于 1 的小数，则在其左数第一位不是"0"的数字左边，总有若干个"0"，它们只是定位用的，不是有效数字。例如，上述的 L_1 和 L_2 的长度单位如换成 m，则有 $L_1 = 0.025$ m，其有效位数仍为 2，而 $L_2 = 0.025\,00$ m，其有效位数仍为 4。反过来，有效数字后面的"0"也不允许随意增加。例如，把 L_1 和 L_2 的单位换成 μm 就不能写成 25 000 μm，因为这表示该长度数值的有效位数变成了 5；对于这种情况，它们可以用科学计数法，即 10 的幂次分别表示为 $L_1 = 2.5 \times 10^4\ \mu$m 和 $L_2 = 2.500 \times 10^4\ \mu$m，使其有效位数不变。

3.5.2　有效位数的判定规则

在测量中对所求量值究竟应取多少位有效数字呢？其原则是：量值的有效位数应根据其不确定度的数量级来确定，不确定度的值越小，有效位数就越多，测量精密度就越高；相反，若不确定度的值越大，有效位数就越少，测量精密度就越低。

根据以上原则，有效位数的判定问题，可以分为以下几种情况。

1. 直接测量量的有效位数

通过测量仪器直接读取的原始数据，一般要能充分反映仪器的误差，所以通常要把测量仪器所能读出或估出的位数全部写出来。

（1）可估读到最小分度以下的测量仪器。这类测量器具，有直尺、千分尺（螺旋测微计）、指针式仪表、测量显微镜的测微鼓轮等，一般要估计到最小分度的 1/10；少数情况下，也可以只估读到 0.2～0.5 分度。

（2）游标类测量仪器。这类计量器具，有游标卡尺、分光计的读数盘等，一般应读到游标分度值的整数倍。

（3）数字显示类仪表以及有十进步进式标度盘的仪表。如数字电压表、电阻箱等，一般应直接读取仪表的示值。

以上的读数规则，都遵循用不确定度来判定有效位数的原则。例如，用分度值为 0.1 mm

的游标卡尺对某长度进行单次测量,得 $L=9.1$ mm,$\Delta_仪=0.1$ mm;若用分度值为 0.02 mm 的游标卡尺测量,则得 $L=9.08$ mm,$\Delta_仪=0.02$ mm;而若换成螺旋测微计(千分尺)来测量,则可得 $L=9.082$ mm,$\Delta_仪=0.004$ mm。可见,若仪器误差减小一个数量级,则测得值的有效位数大致可增加一位,其末位所在位置与不确定度所在的位相同。

另外应说明的是,上例的三个数据中的 9、9.0 和 9.08 是由测量器具的刻度值直接读出的,是可靠数字,而它们后面的"1""8"和"2"这三个数字是实验者估读的,是不十分可靠的,称为存疑数字。因此可看出,有效数字实际是由表征测量结果的可靠数字与存疑数字组成的。存疑数字在直接测量结果的有效数字中通常只有 1 位,有时也会多于 1 位,一般与所用的测量仪器有关。

2. 间接测量量的有效位数

对于间接测量的量,应从与它具有函数关系的其他量的不确定度出发,用前面介绍的方法计算出它的不确定度,再据此确定其有效位数。

以上述原则为基础,可以依据如下判定规则来确定。

(1) 最终测量结果中被测量的不确定度 $u_c(y)$、U 和 U_p,一般取一位或两位有效数字;如首位为 1 或 2 时,一般应给出两位有效数字。

(2) 在相同计量单位下,最终测量结果中被测量的估计值 y 应修约至其末位与不确定度的末位一致。

以上两条判定规则,在《测量不确定度评定与表示》(JJF 1059.1—2012)中有明确的规定。

(3) 对于不计算不确定度的情况,最终测量结果的有效位数可按如下规则近似确定。

① 加减运算,以参与运算的数值中末位数字位置最高的数值为准,计算结果的末位与该数值的末位取齐。例如,

$\qquad 11.54+2.357\,6=13.897\,6 \rightarrow 13.90$(末位与 11.54 的末位取齐)

$\qquad 26.892\,0-2.37+11.451=35.973 \rightarrow 35.97$(末位与 2.37 的末位取齐)

② 乘除运算,以参与运算的数值中有效位数最少的为准,计算结果的有效位数与该数值的有效位数相等。例如,

$\qquad 36.6 \times 121.1=4\,432.26 \rightarrow 4.43 \times 10^3$(位数与 36.6 的有效位数相同)

$\qquad 3.864 \times 4.78 \div 4.7=3.929\,770\,212\,766 \rightarrow 3.9$(位数与 4.7 的有效位数相同)

③ 乘方和开方运算,计算结果的有效位数与原数值的有效位数相等。

④ 一般函数运算,没有统一的规则,与每一个函数的导数大小有关。

3. 运算过程中的数值的有效位数

对于数据运算的中间结果,其有效位数应比上述规则多取 1~2 位,以免因过多截取而在运算过程中带来明显的附加误差。另外,对于纯数学推导所得的量,如圆周率 π、$\sqrt{2}$、1/6 等,应认为它们是没有误差的数值,具有无穷多位有效数字;在具体运算中,应直接用计算器上的按键取值。

3.5.3　数值修约规则

当确定了应取的有效位数后,需要对不必要的多余数字进行修约,在《数值修约规则与极限数值的表示和判定》(GB/T 8170—2008)的国家标准中,制定了如下的取舍规则。

　　（1）拟舍弃数字的最左一位数字小于 5 时，则舍去，保留其余各位数字不变。例如，将 12.149 8 修约到"个"数位，得 12；修约到一位小数，得 12.1。

　　（2）拟舍弃数字的最左一位数字大于 5 时，则进一，即保留数字的末位加 1。例如，将 1 268 修约到"百"数位，得 13×10^2。

　　（3）拟舍弃数字的最左一位数字是 5，且其后有非 0 数字时进 1，即保留数字的末位加 1。例如，将 10.500 2 修约到"个"数位，得 11。

　　（4）拟舍弃数字的最左一位数字是 5，且其后无数字或皆为 0 时，若保留的末位数字为奇数（1,3,5,7,9）则进 1，即保留数字的末位加 1；若保留的末位数字为偶数（0,2,4,6,8），则舍去。例如，将 1.050 修约到一位小数，得 1.0；将 0.35 修约到一位小数，得 0.4；将 2 500 修约到"千"数位，得 2×10^3；将 3 500 修约到"千"数位，得 4×10^3。

　　以上修约规则，可以概括为两句口诀："5 下舍去 5 上入，单收双弃指 5 整"。

　　（5）拟修约数值在确定修约数位后，修约过程应该一次完成，不允许连续修约。例如，将 97.46 修约到"个"数位，正确的做法是：97.46→97；不正确的做法是：97.46→97.5→98。

3.6　测量结果的报告

　　完整的测量结果，应报告被测量的估计值及其测量不确定度和有关的信息。最终测量结果中被测量的不确定度 $u_c(y)$、U 和 U_p，一般取一位或两位有效数字；如首位为 1 或 2 时，一般应给出两位有效数字。在相同计量单位下，最终测量结果中被测量的估计值 y 应修约至其末位与不确定度的末位一致。

3.6.1　使用合成标准不确定度或扩展不确定度报告测量结果的条件

　　通常在报告以下结果时，使用合成标准不确定度 u_c。

　　（1）基础计量学研究。

　　（2）基本物理常量测量。

　　（3）复现国际单位制单位的国际比对（根据有关国际规定，亦可采用 $k = 2$ 的扩展不确定度）。

　　除上述规定或有关各方约定采用合成标准不确定度外，通常在报告测量结果时都用扩展不确定度表示。

3.6.2　测量结果用合成标准不确定度 u_c 报告

　　例如，标准砝码的质量为 m_s，被测量估计值为 100.021 47 g，合成标准不确定度 $u_c(m_s)$ 为 0.35 mg，则测量结果可用以下 3 种形式中的任何一种报告。

　　（1）$m_s = 100.021 47$ g，$u_c(m_s) = 0.35$ mg。

　　（2）$m_s = 100.021 47(35)$ g，括号内的数是合成标准不确定度，其末位与前面被测量估计值的末位数对齐。

　　（3）$m_s = 100.021 47(0.000 35)$ g，括号内的数是合成标准不确定度，与前面被测量估计值有相同计量单位。

　　《测量不确定度评定与表示》（JJF 1059.1—2012）中指出，为了避免与扩展不确定度混清,本规范不使用 $m_s=(100.021\ 47\pm0.000\ 35)$ g 的形式表示被测量估计值及其合成标准不确定度,因为这种形式习惯上用于表示由扩展不确定度确定的一个包含区间。在本书中,通常采用第(1)种形式报告。

3.6.3　测量结果用扩展不确定度 $U=ku_c$ 报告

例如,标准砝码的质量为 m_s,被测量估计值为 100.021 47 g,合成标准不确定度 $u_c(m_s)$ 为 0.35 mg,取包含因子 $k=2,U=ku_c(m_s)=2\times0.35$ mg$=0.70$ mg,则测量结果可用以下 4 种形式中的任何一种报告。

(1) $m_s=100.021\ 47$ g；$U=0.70$ mg,$k=2$。

(2) $m_s=(100.021\ 47\pm0.000\ 70)$ g,$k=2$。

(3) $m_s=100.021\ 47(70)$ g；括号内为 $k=2$ 的 U 值,其末位与前面被测量估计值的末位数对齐。

(4) $m_s=100.021\ 47(0.000\ 70)$ g；括号内为 $k=2$ 的 U 值,其末位与前面被测量估计值有相同的计量单位。

在本书中,通常采用第(2)种形式报告。

3.6.4　测量结果用扩展不确定度 $U_p=k_pu_c$ 报告

例如,标准砝码的质量为 m_s,被测量估计值为 100.021 47 g,合成标准不确定度 $u_c(m_s)$ 为 0.35 mg,$v_{eff}=9$,按 $p=95\%$,查 t 值表(表 3-1)得 $k_p=t_{95}(9)=2.26,U_{95}=2.26\times0.35$ mg$=0.79$ mg,则测量结果可用以下 4 种形式中的任何一种报告。

(1) $m_s=100.021\ 47$ g；$U_{95}=0.79$ mg,$v_{eff}=9$。

(2) $m_s=(100.021\ 47\pm0.000\ 79)$ g,$v_{eff}=9$。括号内第二项为 U_{95} 的值。

(3) $m_s=100.021\ 47(79)$ g,$v_{eff}=9$。括号内为 U_{95} 的值,其末位与前面被测量估计值的末位数对齐。

(4) $m_s=100.021\ 47(0.000\ 79)$ g,$v_{eff}=9$。括号内为 U_{95} 的值,与前面被测量估计值有相同的计量单位。

在本书中,通常采用第(1)种形式报告。

3.6.5　测量结果用相对扩展不确定度报告

具有相对扩展不确定度(U_{rel} 或 U_r)的测量结果的报告形式有以下几种：

(1) $m_s=100.021\ 47$ g；$U_{rel}=7.0\times10^{-6}$,$k=2$。

(2) $m_s=100.021\ 47$ g；$U_{95rel}=7.9\times10^{-6}$,$k_p=t_{95}(9)=2.26$。

(3) $m_s=(100.021\ 47\pm7.0\times10^{-6})$ g；括号内第二项为相对扩展不确定度 U_{rel} 的值。

3.6.6　测量不确定度的评定与测量结果的报告举例

在测量圆柱形实心铝柱的体积时,用螺旋测微计($\Delta_{仪}=0.004$ mm)测其截面直径 D 共 6 次,分别得 $D_1=18.142$ mm,$D_2=18.139$ mm,$D_3=18.139$ mm,$D_4=18.146$ mm,$D_5=18.142$ mm,$D_6=18.140$ mm；同时发现螺旋测微计零点误差为 0.002 mm。用游标

卡尺（$\Delta_{仪}=0.02$ mm）单次测量铝柱长度得 $l=70.22$ mm。求铝柱的体积 V 及它的合成标准不确定度 $u_c(V)$、扩展不确定度 U 和 U_p。

解 已知圆柱体体积公式（即测量函数）为

$$V=\frac{\pi}{4}D^2 l$$

先求出直接测量量 D 和 l 的最佳估计值，以及相应的标准不确定度 $u_c(D)$ 和 $u_c(l)$，再利用不确定度传播律求出间接测量量 V 的标准不确定度 $u_c(V)$、扩展不确定度 U 和 U_p。

1）求 D 的最佳估计值和标准不确定度

先计算 6 次重复测量的算术平均值：

$$\overline{D}=\frac{1}{6}(D_1+D_2+D_3+D_4+D_5+D_6)=18.141\,33 \text{ mm}$$

对零点误差进行修正得最佳估计值：

$$D_c=\overline{D}-0.002 \text{ mm}=18.139\,33 \text{ mm}$$

由贝塞尔公式求 D 的 A 类标准不确定度：

$$u_A(D)=s(\overline{D})=\sqrt{\sum_{i=1}^{6}(D_i-\overline{D})^2/6(6-1)}=0.001\,09 \text{ mm}$$

由螺旋测微计的仪器误差，求 D 的 B 类标准不确定度：

$$u_B(D)=\frac{\Delta_{仪}}{\sqrt{3}}=\frac{0.004}{\sqrt{3}} \text{ mm}=0.002\,31 \text{ mm}$$

根据直接测量量的合成标准不确定度通用公式（3-21），可得 D 的合成标准不确定度：

$$u_c(D)=\sqrt{u_A^2(D)+u_B^2(D)}=\sqrt{0.001\,09^2+0.002\,31^2} \text{ mm}=0.002\,55 \text{ mm}$$

2）求 l 的最佳估计值和标准不确定度

其最佳估计值即为单次测得值：

$$l=70.22 \text{ mm}$$

单次测量无法计算 A 类标准不确定度，其合成标准不确定度只有 B 类分量：

$$u_c(l)=u_B(l)=\frac{\Delta_{仪}}{\sqrt{3}}=\frac{0.02 \text{ mm}}{\sqrt{3}}=0.011\,5 \text{ mm}$$

3）求体积 V 的最佳估计值和合成标准不确定度

体积 V 的最佳估计值为

$$V=\frac{\pi}{4}D^2 l=\frac{\pi}{4}\times 18.139\,33^2\times 70.22 \text{ mm}^3=18\,146.51 \text{ mm}^3$$

根据不确定度传播律的通用公式，可得 V 的合成标准不确定度为

$$u_c(V)=V\sqrt{[2u(D)/D]^2+[u(l)/l]^2}$$

$$=(18\,146.51\times\sqrt{[2\times 0.002\,55/18.139\,33]^2+[0.011\,5/70.22]^2}) \text{ mm}^3$$

$$=(18\,146.51\times 0.000\,325) \text{ mm}^3=5.90 \text{ mm}^3$$

4）用合成标准不确定度报告测量结果

测量结果为：$V=18\,146.5 \text{ mm}^3$，$u_c(V)=5.9 \text{ mm}^3$ 或 $V=18\,147 \text{ mm}^3$，$u_c(V)=6 \text{ mm}^3$。

5）用包含因子 $k=2$ 时的扩展不确定度 U 报告测量结果

扩展不确定度的计算：$U=ku_c=2\times u_c(V)=2\times 5.90\ \mathrm{mm}^3=11.8\ \mathrm{mm}^3$。

测量结果为：$V=(18\ 147\pm12)\mathrm{mm}^3$，$k=2$。

6）用包含概率 $p=95\%$ 时的扩展不确定度 U_p 报告测量结果

$$U_p=k_p u_c=k_p u_c(V)，\quad k_p=t_p(v_{\mathrm{eff}})$$

合成标准不确定度的有效自由度，按韦尔奇·萨特思韦特公式计算：

$$v_{\mathrm{eff}}=\frac{u_c^4(y)}{\displaystyle\sum_{i=1}^{N}\frac{u_i^4(y)}{v_i}}$$

先算 $u_c(D)$ 的有效自由度：

$$v_{\mathrm{eff}}(D)=\frac{u_c^4(D)}{\dfrac{u_A^4(D)}{6-1}+\dfrac{u_B^4(D)}{v(D)}}=\frac{(0.002\ 55)^4}{\dfrac{(0.001\ 09)^4}{5}+\dfrac{(0.002\ 31)^4}{8}}=11$$

其中，$v(D)$ 为按如下近似公式估算的自由度：

$$v(D)\approx\frac{1}{2}\left[\frac{\Delta u_B(x)}{u_B(x)}\right]^{-2}$$

再算 $u_c(V)$ 的有效自由度：

$$v_{\mathrm{eff}}(V)=\frac{u_c^4(V)}{\dfrac{u_1^4(V)}{v_{\mathrm{eff}}(D)}+\dfrac{u_2^4(V)}{v(l)}}=\frac{(5.90)^4}{\dfrac{(5.10)^4}{11}+\dfrac{(2.97)^4}{8}}=17$$

其中，自由度 $v(l)$ 的估算同 $v(D)$；$u_1(V)$ 和 $u_2(V)$ 由如下公式计算得到：

$$u_1(V)=\frac{\partial V}{\partial D}u_c(D)=\frac{\pi}{2}Dlu_c(D)=\frac{\pi}{2}\times18.139\ 33\times70.22\times0.002\ 55\ \mathrm{mm}^3=5.10\ \mathrm{mm}^3$$

$$u_2(V)=\frac{\partial V}{\partial l}u_c(l)=\frac{\pi}{4}D^2u_c(l)=\frac{\pi}{4}\times18.139\ 33^2\times0.011\ 5\ \mathrm{mm}^3=2.97\ \mathrm{mm}^3$$

查 t 分布表（即表3-1）得 $k_{95}=t_{95}(17)=2.11$，得 $U_p=k_p u_c(V)=2.11\times5.90\ \mathrm{mm}^3=12.4\ \mathrm{mm}^3$。

故测量结果为：$V=18\ 147\ \mathrm{mm}^3$，$U_{95}=12\ \mathrm{mm}^3$，$v_{\mathrm{eff}}=17$。

第 **4** 章

数据处理的基本知识

数据处理是指对于获得的数据,利用特定的方法进行整理和分析,从而得到实验结果、发现内在规律的过程。数据处理是实验的重要组成部分,它贯穿于整个实验的始终,与实验操作、误差分析和不确定度的评定形成了一个有机整体,对实验的成败起着至关重要的作用。通过选择合适和巧妙的数据处理方法,如列表法、作图法、最小二乘法、逐差法等,能帮助实验者发现极有价值的自然规律或自然界的新事物。

4.1 列表法

列表法是指通过把一组数据按照一定的形式和顺序列成表格的方式,来记录数据、表示物理量之间关系的一种数据处理方法。它在记录和表示数据时简单明了,便于表示物理量之间的对应关系,能清楚地显示出数据的变化,有助于在测量和计算过程中随时检查数据是否合理,并及早发现问题,为进一步用其他方法处理数据创造了有利条件。

列表的要求如下。

(1) 栏目的设计要简明合理,便于记录和检查,便于表示物理量的对应关系和后续计算。

(2) 要有表的名称和序号,表头栏中标明物理量及其所用单位。

(3) 表中所列的数据,应正确地反映结果的有效位数。

(4) 应在表外注明有关的实验条件、必要说明文字等。

例如,在处理用刚体转动法对"刚体转动惯量的测量"的实验数据时,可列表如表 4-1 所示。

表 4-1 r-t 关系对应数值表(2023 年 12 月 31 日)

r/cm	t/s				$\bar{t}/\text{s}$	$\dfrac{1}{\bar{t}}/\text{s}^{-1}$
	1	2	3	4		
1.00	13.55	13.50	13.40	13.42	13.47	0.074 24
1.50	8.80	8.90	8.85	8.85	8.85	0.113
2.00	6.70	6.80	6.70	6.73	6.73	0.149
2.50	5.65	5.60	5.70	5.65	5.65	0.177
3.00	4.60	4.50	4.60	4.57	4.57	0.219

注 r 为绕线半径;t 为刚体下落时间。

4.2 作图法

作图法是指用图形的方式表示物理量之间关系的一种数据处理方法。作图法所选用的坐标系,可以是直角坐标系、极坐标系等;坐标轴分度可以用等分刻度、对数刻度、正态概率刻度等。

1. 作图法的优点

(1) 能够直观地反映各物理量之间的变化规律,帮助找出合理的经验公式。

(2) 依据多个数据点描出的平滑曲线,具有取平均的效果。

(3) 通过作图可以对可能的数据错误作出判断,并对系统误差进行分析(甚至可以消除)。

2. 作图规则

(1) 选择合适的坐标分度值。坐标分度值的选取应符合测量准确度,即能反映测得值的有效位数。一般以 1 个或 2 个分度值,对应于有效数字的倒数第二位。

(2) 标明坐标轴信息。一般以自变量(即实验中可以准确控制的量)为横坐标轴,以因变量为纵坐标轴。在坐标轴上注明物理量的名称、符号、单位(需用斜线,如时间 t/s),并按顺序标出整数坐标值。另外,除非原点很重要,两坐标轴的交点可以不是原点,以便使图线能大致均匀地充满全图。

(3) 标出实验数据点。实验数据点一般不能只标出小黑点,应采用"×""△""○"等比较明显的标识符号。

(4) 连成图线。对变化规律容易判断的曲线,应以平滑曲线连接,曲线不必通过每个实验点,各实验数据点应大体均匀分布在曲线两侧;对仪表的校正曲线,应以折线(而非平滑曲线)把每个实验数据点连接起来。

(5) 写明图线特征。必要时,可以利用图上的空白位置注明实验条件或写明从图线上得出的某些参数,如截距、斜率、极大极小值、拐点和渐近线等。

(6) 写明图名。在图纸下方或空白位置,写出图线的名称以及某些必要的说明。还可以写上实验者姓名、实验日期等。

图 4-1 和图 4-2 给出了两种不同作图法的例子。

3. 作图法的应用

作图法的应用主要表现在以下两方面。

(1) 通过作图验证或判断各物理量之间的相互关系。特别是,在还没有完全掌握科学实验的规律和结果的情况下,或还没有找出合适的函数表达式时,作图法是找出函数关系式并求得经验公式最常用的方法之一。如二极管的伏安特性曲线、电阻的温度变化曲线等,都可从图上清楚地表示出来。

(2) 利用图线求未知量,即图解法。

① 从直线上求物理量。

直线关系的未知量往往包含在斜率和截距之中。例如,匀速直线运动 $s = s_0 + vt$,若作 s-t 直线,其斜率就是速度,截距为运动物体的初始位置。因此,从直线上可以通过求斜率和截距来获取未知量。

求斜率时要在图中接近实验范围的两端,从直线上取两点 (x_1, y_1) 和 (x_2, y_2),一般应

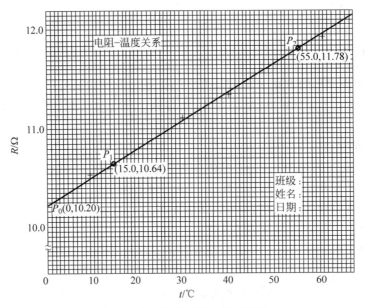

图 4-1　按直线规律变化的作图法

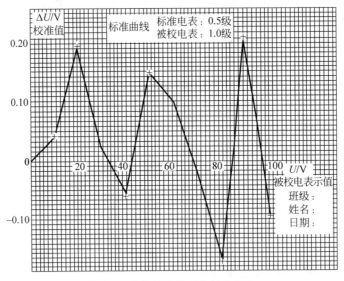

图 4-2　按折线规律变化的作图法

避免使用实验点,则斜率为

$$k = (y_2 - y_1)/(x_2 - x_1)$$

截距的求法是:把图线延长到 $x=0$ 处,读出对应 $x=0$ 时的 y 值即为截距。如果 x 轴的起点不为零,则应利用图线上的一点 (x,y),把数据代入公式 $y=a+kx$ 求出。

② 通过外延、内插法求实验点以外的其他点。

利用有限的实验数据绘制了自变量 x 和因变量 y 之间的关系曲线后,就可以通过外延或内插法,求得实验点以外的其他点。

③ 非线性函数未知量的求法——曲线改直问题。

物理实验中经常遇到的图线类型如表 4-2 所示。由于直线是能够绘制的最精确图线,因而希望通过坐标变换将非直线画成直线,这被称为曲线改直。下面举例说明。

表 4-2 物理实验中常见的图线类型及对应的例子

图 线 类 型	方 程 式	例 子	物 理 公 式
直线	$y=ax+b$	金属棒的热膨胀	$L_t=(L_0a)t+L_0$
抛物线	$y=ax^2$	单摆的摆动	$L=gT^2/4\pi^2$
双曲线	$xy=a$	波意耳定律	$pV=$常数
指数函数曲线	$y=Ae^{-Bx}$	电容器放电	$q=q_0e^{-t/RC}$

单摆的摆动满足方程 $L=gT^2/4\pi^2$,具有 $y=ax^b$ 形式,a、b 为常量。观测单摆的周期 T 随摆长 L 的变化,可以得到一组数据 (T_i,L_i),如果在直角坐标纸上画出 L-T 图像,可得到一条抛物线;再试用 L 作纵轴,T^2 作横轴,结果将得到一条通过原点的直线,其斜率等于 $g/4\pi^2$,从图像上求出斜率后,可以算出实验所在地的重力加速度。

对于函数形式 $y=ax^b$,a、b 为常量,可以作如下变换,将方程两边取对数得到:$\ln y=b\ln x+\ln a$。若以 $\ln x$ 为自变量(横坐标轴),$\ln y$ 为因变量(纵坐标轴),则可在坐标图上得到一条直线,从而可以求出系数 a 和 b。对于其他较为复杂的关系式,也可用类似的方法处理。读者若有兴趣,可以参考实验数据处理方面的专业图书。

4.3 差值法与逐差法

4.3.1 差值法

差值法是人们为了改善实验数据结果,减小误差影响而引入的一种实验及其数据处理方法。这种方法要求实验过程不断改变自变量,从而实现多次测量。表 4-3 给出气轨上的弹簧振子的简谐振动实验数据,表中 m_i 是振子质量,T_i 是振动周期,k 是弹簧的劲度系数,考虑弹簧的等效质量 m_0,周期公式应是 $T_i=2\pi\sqrt{(m_i+m_0)/k_i}$。在数据处理时,求 $m_{i+4}-m_i$ 和 $T_{i+4}^2-T_i^2$ 的差值,再利用 $k_i=4\pi^2\dfrac{m_{i+4}-m_i}{T_{i+4}^2-T_i^2}$ 分别求出相应的 k_i,最后对各个 k_i 进行统计处理。

表 4-3 气轨上的弹簧振子的简谐振动实验数据

i	m_i/g	T_i/s	T_i^2/s^2	$(m_{i+4}-m_i)/\text{g}$	$(T_{i+4}^2-T_i^2)/\text{s}^2$	$k/(10^{-3}\text{N/m})$
1	773.2	2.559 4	6.550 5	794.2	6.688	468.8
2	979.2	2.878 4	8.285 2	792.5	6.691	467.6
3	1 170.2	3.145 0	9.891 0	793.5	6.708	467.0
4	1 366.3	3.369 1	11.533	803.1	6.797	466.5
5	1 567.4	3.638 5	13.239			
6	1 771.7	3.869 9	14.976			
7	1 963.7	4.074 2	16.599			
8	2 169.4	4.281 3	18.390			

从此例的数据处理过程可以看出,差值法具有下列优点。

（1）充分利用了测量所得的数据,对数据具有取平均的效果。如表 4-3 中所有数据都参与了运算;

（2）可以消除一些定值系统误差。如周期公式中明显受弹簧 m_0 的影响,直接由 $k = 4\pi^2 m / T^2$ 计算出的结果就会偏小,而若进行差值运算,结果就不受 m_0 的影响。

4.3.2 逐差法

逐差法是物理实验中常用的一种数据处理方法。这种方法除了具备差值法的优点外,还可以方便地验证两个变量之间是否存在多项式关系,发现实验数据的某些变化规律等。与差值法相比,其主要区别是:自变量必须等间距变化。

1. 逐差法的应用

下面用一线性函数的一次逐差例子进行说明。表 4-4 列出了伏安法测电阻时的数据。表中 U_i 为间距变化时电压值,I_i 为相应的电流测量值,逐项逐差 $\Delta_1 I = I_{i+1} - I_i$ 得表中第 4 列数据,隔 3 项逐差 $\Delta_3 I = I_{i+3} - I_i$ 得表中第 5 列数据。

表 4-4　伏安法测电阻数据记录

i	U_i / V	I_i / mA	$\Delta_1 I = I_{i+1} - I_i / \text{mA}$	$\Delta_3 I = I_{i+3} - I_i / \text{mA}$
1	0	0	3.85	12.05
2	2.00	3.85	4.30	11.95
3	4.00	8.15	3.90	11.75
4	6.00	12.05	3.75	
5	8.00	15.80	4.10	
6	10.00	19.90		

对以上数据说明如下。

（1）逐项逐差结果 $\Delta_1 I$ 值基本为一常数,这与 I、U 所遵循的线性关系有关。因此,往往用逐项逐差的结果来验证多项式的形式,这是逐差法的用途之一。若一次逐项逐差值基本为一常数,则说明变量间具有线性关系;若经二次逐项逐差,其值基本为一常数,则为二次多项式,依次类推可以判断更高次多项式。

（2）逐差法求量值——隔项逐差。对于逐项逐差来说,每次改变 $\Delta U = 2.00 \text{ V}$ 电压时电流的改变量的平均值为

$$\overline{\Delta_1 I} = \frac{\sum \Delta_1 I}{n - 1}$$

但由于

$$\Delta_1 I_1 = I_2 - I_1$$
$$\Delta_1 I_2 = I_3 - I_2$$
$$\vdots$$
$$\Delta_1 I_5 = I_6 - I_5$$

因此

$$\overline{\Delta_1 I} = \frac{I_6 - I_1}{6 - 1} = 3.98 \text{ mA}$$

由欧姆定律

$$R = \frac{\Delta U}{\overline{\Delta_1 I}} = \frac{2.00}{3.98 \times 10^{-3}} \ \Omega = 502.51 \ \Omega = 502.5 \ \Omega$$

而若采用隔 3 项来处理,电压每次改变 $\Delta U = 6.00$ V 时电流改变值的平均值为

$$\overline{\Delta_3 I} = \frac{I_4 - I_1 + I_5 - I_2 + I_6 - I_3}{3} = 11.92 \text{ mA}$$

由欧姆定律

$$R = \frac{\Delta U}{\overline{\Delta_3 I}} = \frac{6.00}{11.92 \times 10^{-3}} \ \Omega = 503.36 \ \Omega = 503.4 \ \Omega$$

比较两种处理方法可见,逐项逐差只用了 I_6、I_1 两个数据,其余数据实际上在求平均时被消掉了,所以逐项逐差求值不能充分利用数据;而隔 3 项逐差则充分利用了所有数据,大大降低了误差对结果的影响。显然,对于 6 个数值来说,隔 2 项逐差仍不能充分利用数据。

综上所述,把符合线性函数的测量值分成两组,相隔 $k = n/2(n$ 为测量次数$)$ 项逐项相减,这种方法叫逐差法。

(3) 逐差法除了上述两种用途外,还可以用来发现系统误差或实验数据的某些变化规律。即当我们已经可以肯定函数关系为某种多项式的形式,而用逐差法去处理测量数据所得结果与预期结果之间有较大偏差时,就可以认为存在某种系统误差;或者根据数据的变化规律对假定的公式作进一步修正。这属于逐差法的第三种应用,本书不作详细讨论。

2. 逐差法的应用条件

在具备以下两个条件时,可以用逐差法处理数据,举例说明如下。

(1) 函数可以写成 x 的多项式形式,即 $y = a_0 + a_1 x$、$y = a_0 + a_1 x + a_2 x^2$ 或 $y = a_0 + a_1 x + a_2 x^2 + a_3 x^3$ 等。实际上,由于测量精度的限制,3 次以上逐差已很少应用。

(2) 有些函数可以经过变换写成以上形式时,也可以用逐差法处理。如弹簧振子的周期公式 $T = 2\pi \sqrt{\dfrac{m}{k}}$ 可以写成

$$T^2 = \frac{4\pi^2}{k} m$$

即 T^2 是 m 的线性函数,就可以把 T^2 和 m 作为直接相关量用逐差法处理。

4.4 直线拟合与最小二乘法

作图法虽然在数据处理中是一个很便利和直观的方法,但是,在绘制图线时往往不可避免地要引入附加误差,尤其在根据图线确定参数(如截距、斜率等)时,这种误差有时很明显。为了克服这一明显的缺点,在数理统计中研究了直线拟合问题(又称为一元线性回归问题),常用一种以最小二乘法为基础的实验数据处理方法。

4.4.1 最小二乘法的原理

一般情况下，最小二乘法可以用于线性函数，也可以用于非线性函数，由于在测量技术中，大量的问题是属于线性的，而某些非线性函数可以通过数学变换改写为直线（即线性）关系或者在某一区域内展开成线性函数来处理，因此，这一方法也适用于某些符合曲线型规律的问题。

设在某一实验中，可控制的物理量取 $x_1, x_2, \cdots, x_n$，对应的物理量依次取 $y_1, y_2, \cdots, y_n$。我们假定对 x_i 的观测误差很小，而主要误差都出现在 y_i 的观测上。显然，如果从数组 (x_i, y_i) 中任取两组实验数据就可确定一条直线，只不过这条直线的误差有可能很大。直线拟合的任务就是用数学分析的方法，从这些观测到的数据中求出一个误差最小的最佳经验式 $y = a + bx$。按这一最佳经验公式作出的图线虽不一定能通过每一个实验观测点，但是它以最接近这些实验观测点的方式平滑地穿过它们。很明显，对应于每一个 x_i，观测值 y_i 和最佳经验式的 y 值之间存在一偏差 δy_i，称为观测值 y_i 的偏差，即

$$\delta y_i = y_i - y = y_i - (a + bx_i), \quad i = 1, 2, 3, \cdots, n$$

最小二乘法的原理就是：如各观测值 y_i 的误差互相独立且服从同一正态分布，当 y_i 的偏差的平方和为最小时，可得到最佳经验式。根据这一原理可求出常数 a 和 b。

设以 S 表示 δy_i 的平方和，它应满足：

$$S = \sum (\delta y_i)^2 = \sum [y_i - (a + bx_i)]^2 = \text{极小值} \tag{4-1}$$

式中的 y_i 和 x_i 是测量值，都是已知量，而 a 和 b 是待求的，因此 S 实际上是 a 和 b 的函数。令 S 对 a 和 b 的偏导数为零，即可解出满足式(4-1)的 a、b 值。由此可得

$$\frac{\partial S}{\partial a} = -2 \sum (y_i - a - bx_i) = 0$$

$$\frac{\partial S}{\partial b} = -2 \sum (y_i - a - bx_i) x_i = 0$$

即

$$\sum y_i - na - b \sum x_i = 0$$

$$\sum x_i y_i - a \sum x_i - b \sum x_i^2 = 0$$

其解为

$$b = \frac{\sum x_i \sum y_i - n \sum (x_i y_i)}{(\sum x_i)^2 - n \sum (x_i^2)} = \frac{\bar{x}\bar{y} - \overline{(xy)}}{\bar{x}^2 - \overline{x^2}} \tag{4-2}$$

$$a = \frac{\sum x_i \sum (x_i y_i) - \sum (x_i^2) \sum y_i}{(\sum x_i)^2 - n \sum (x_i^2)} = \frac{\bar{x}\overline{(xy)} - \overline{x^2}\bar{y}}{\bar{x}^2 - \overline{x^2}} = \bar{y} - b\bar{x} \tag{4-3}$$

式中，$\bar{x} = \left(\sum x_i\right) / n$，$\bar{y} = \left(\sum y_i\right) / n$，$\overline{x^2} = \left(\sum x_i^2\right) / n$，$\overline{y^2} = \left(\sum y_i^2\right) / n$，$\overline{xy} = \left(\sum x_i y_i\right) / n$。将得出的 a 和 b 代入直线方程，即可得到最佳的经验公式 $y = a + bx$。

上面介绍了用最小二乘法求经验公式中常数 a 和 b 的方法，这是一种直线拟合法。用这种方法计算的常数 a 和 b 是"最佳的"，但并不是没有误差，它们的误差估算比较复杂。一

般地说,一列测量值的 δy_i 大(即实验观测点对直线的偏离大),那么由这列数据求出的 a、b 值的误差也大,由此定出的经验公式可靠程度就低;如果一列测量值的 δy_i 小(即实验观测点对直线的偏离小),那么由这列数据求出的 a、b 值的误差就小,由此定出的经验公式的可靠程度就高。

4.4.2 线性拟合的相关系数

必须注意,只有当两个随机变量 x 和 y 之间真正存在线性关系时,上述直线拟合的结果才有意义,为检验这一点,需引入一个叫作"相关系数"的量。相关系数的定义为

$$r = \frac{\sum \Delta x_i \Delta y_i}{\sqrt{\sum (\Delta x_i)^2 \sum (\Delta y_i)^2}} = \frac{\overline{(xy)} - \bar{x}\bar{y}}{\sqrt{(\overline{x^2} - \overline{x}^2)(\overline{y^2} - \overline{y}^2)}} \tag{4-4}$$

式中,$\Delta x_i = x_i - \bar{x}$,$\Delta y_i = y_i - \bar{y}$。相关系数是从函数式 $f(x,y) = x \pm y$ 导出的(推导过程略),是一个无量纲的纯数值。当 x 和 y 为互相独立的变量时,Δx_i 和 Δy_i 的取值和符号彼此无关(即无相关性),因此,从统计角度来说,应有

$$\sum \Delta x_i \Delta y_i = 0$$

即 $r = 0$。在直线拟合中,x 和 y 并不互相独立,它们有线性关系。这时 Δx_i 和 Δy_i 的取值和符号不再无关,而是有关(即有相关性)了。例如,设函数形式 $f(x,y) = x \pm y = 0$ 即 $y = \pm x$,Δx 和 Δy 之间就会有 $\Delta x = \pm \Delta y$ 的关系,将这一关系代入式(4-4),可得

$$r = \frac{\pm \sum (\Delta x_i)^2}{\sqrt{\left(\sum (\Delta x_i)^2\right)^2}} = \pm 1 \tag{4-5}$$

从相关系数的这一特性可以判断实验数据是否符合线性。如果 r 非常接近于 1,则 x 和 y 之间的线性相关程度非常大,即各实验点几乎均在一条直线上。在物理实验中,如果 r 能达到 0.999,就表示实验数据的线性关系良好,各实验观测点聚集在一条直线附近。因此,用直线拟合法处理数据时要求相关系数。具有二维统计功能的计算器有直接计算 r 及 a、b 的功能,并有专门的"r"及"a""b"按键。例如,为确定电阻 R 随温度 t 变化的关系式,测得不同温度下的电阻值如表 4-5 所示,试用最小二乘法确定线性关系式 $R = a + bt$。

表 4-5 不同温度下的电阻测量数据

i	$t_i/{}^\circ\text{C}$	R_i/Ω	$t_i R_i/({}^\circ\text{C} \cdot \Omega)$	$t_i^2/{}^\circ\text{C}^2$	R_i^2/Ω^2
1	25.0	27.39	684.75	625	750.21
2	35.0	28.34	991.9	1 225	803.16
3	45.0	29.37	1 321.65	2 025	862.60
4	55.0	30.38	1 670.9	3 025	922.94
5	65.0	31.45	2 044.25	4 225	989.10
6	75.0	32.54	2 440.5	5 625	1 058.85
平均值	50.0	29.91	1 525.7	2 792	897.81

将表 4-5 中的计算结果代入相应的公式(式(4-2)和式(4-3))得 $b = 0.103\ 4$,$a = 24.74$,则直线方程为 $R = 24.74 + 0.103\ 4t$,相关系数为 $r = 0.988$。

注意 r 的绝对值必然小于 1,否则,一定是计算有误。

4.5　Origin 基础与绘图

Origin 是美国 OriginLab 公司（其前身为 Microcal 公司）开发的图形可视化和数据分析软件，是科研人员和工程师常用的高级数据分析和制图工具。该软件具有简单易学、操作灵活、功能强大的特点，既可以满足一般用户的制图需要，也可以满足高级用户数据分析、函数拟合的需要。

Origin 具有数据分析和绘图两大主要功能。数据分析主要包括统计、信号处理、图像处理、峰值分析和曲线拟合等各种完善的数学分析功能。进行数据分析时，只需选择所要分析的数据，然后再选择相应的菜单命令即可。绘图是基于模板的，Origin 本身提供了几十种二维和三维绘图模板，而且允许用户自己定制模板。绘图时，只要选择所需要的模板就行。用户可以自定义数学函数、图形样式和绘图模板；也可以和各种数据库软件、办公软件、图像处理软件等方便地连接。

4.5.1　Origin 基础知识

打开 Origin（以 OriginPro 8 为例进行操作说明），在菜单 View＞Toolbars 中可以看到许多选项，如图 4-3 所示，勾选后可以看到在菜单区出现很多图标，这显示了 Origin 丰富的操作功能。当然，通过浏览各个菜单，可以发现更多的功能。

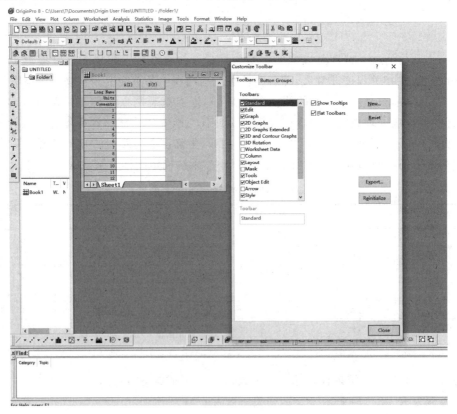

图 4-3　工具栏显示

Origin 像 Microsoft 的 Word、Excel 等一样,是一个多文档界面应用程序,一个文件可以包括多个子窗口,可以是工作表窗口(Data)、绘图窗口(Graph)、矩阵窗口(Matrix)、版面设计窗口(Layout Page)等。Origin 将所有窗口文件都保存在一个后缀为 OPJ 的总文件(Project)中,保存 Project 文件时各子窗口信息也随之存盘。

4.5.2 绘图

1. 工作簿和数据录入

在 Origin 中,数据录入的方法有手动输入、通过剪切板传送和由数据文件导入等。选择一种录入方法导入数据,如图 4-4 所示输入的是"铜丝电阻温度系数测量"的实验数据。如果需增加新的数据列,单击列增加按钮即可增加。

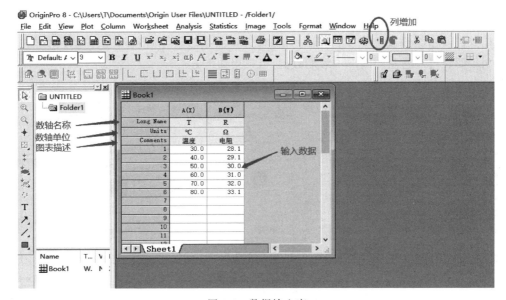

图 4-4 数据输入窗

2. 绘制简单二维图

用鼠标左键选中要绘图的数据,在本例中为 $A(X)$ 和 $B(Y)$ 列,然后再在左下角的图标中选择图的形式,这里选择"Line + Symbol"的形式,如图 4-5 所示。用鼠标单击该图标后 Origin 就弹出绘图窗口,画出所给数据的数据曲线图,如图 4-6 所示,该绘图窗口的绘图结果是可以按照需要进行编辑的。

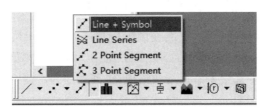

图 4-5 作图图形选择

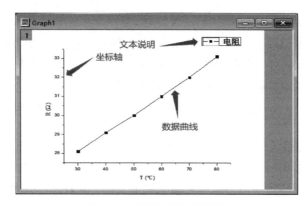

图 4-6　选定数据绘制图形

1）定制数据曲线

用鼠标双击图线调出图 4-7 所示的窗口，选择曲线形状、颜色、不同描述数据点的形状等。如果要在已经绘制的图形中添加数据，可采用如下方法。

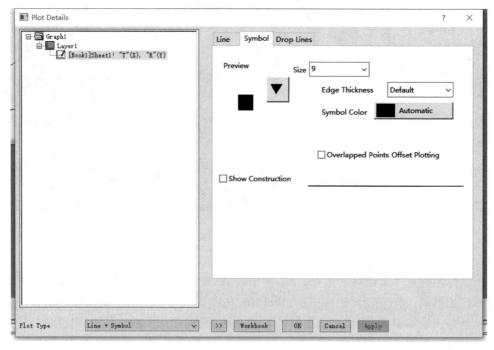

图 4-7　数据曲线设置图

（1）如果要添加的是整列数据，那么在图形窗口区左上角图层标号处单击打开快捷菜单，选择"Layer Contents…"打开"Layer Contents"对话框，如图 4-8 所示。在左侧"Available Data"列表框中选中要添加的数据列，将其添加到右侧"Layer Contents"列表框；单击按钮"OK"即可。

（2）如果要添加的是数据列中的部分数据，那么选中要添加的数据后，将鼠标指针置于列边界处，鼠标指针会变成图 4-9 的形状，直接拖动到图形窗口，即可将选中的数据添加到图形。

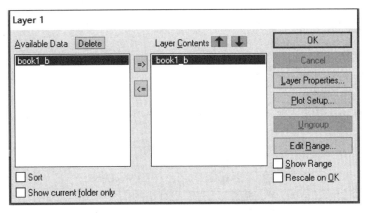

图 4-8　添加整列数据示意图

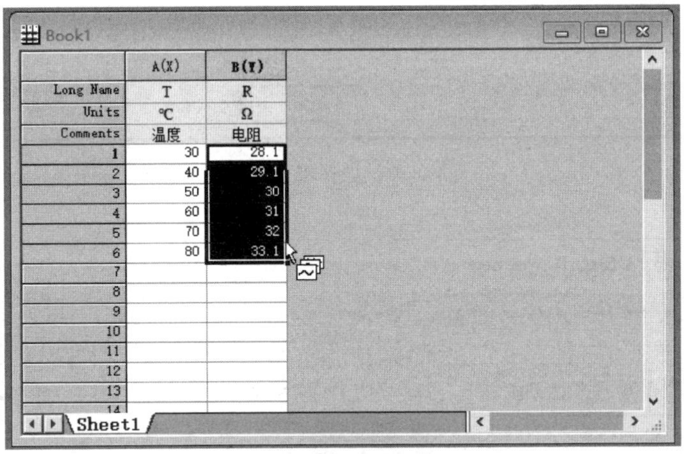

图 4-9　拖动增加数据示意图

2）坐标轴设置

在所绘图形的坐标轴上双击，打开坐标轴选项卡，该选项卡包含"Tick Labels""Minor Tick Labels""Custom Tick Labels""Title & Format""Scale""Grid Lines"和"Break"标签项。如图 4-10 所示，在"Scale"标签项对数据的最小分度值等进行设置。

3）对图形中文本进行设置

选定图形中的文本，可以对其进行字体及字号大小设置。对准字母左击或按住鼠标左键并拖动鼠标套住图例，这时图例框四周出现 8 个方形小黑块，此时整个图例可以移动。对准字母双击可进入直接编辑，或右击再选择"Properties..."进入一个文本控制对话框，如图 4-11 所示。此窗口中可完成对文本的各种操作。

利用菜单可以作出很多特殊要求的图像，如两点线段图、三点线段图、水平（垂直）阶梯图、样条曲线图、垂线图等。有兴趣的读者可自行练习。

3. 多层图形绘制

在 Origin 中，一个绘图窗口中可以包含多个图层。当需要在同一个绘图窗口中绘制坐标轴范围不同或度量单位不同的图形时，为了更清晰地显示曲线特征，可以通过绘制多层图形来实现。

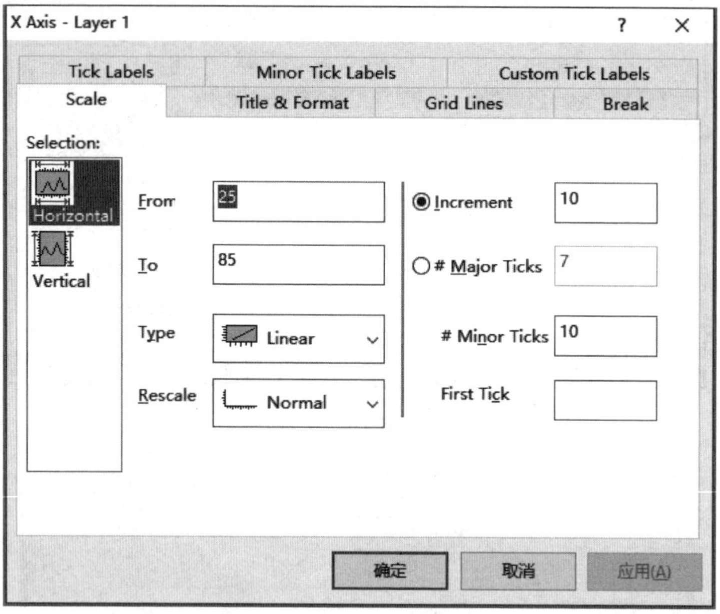

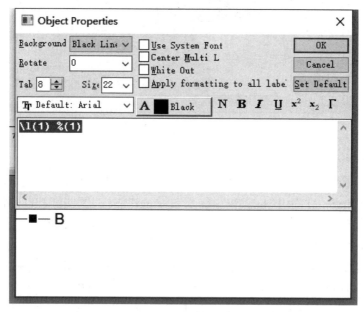

图 4-10　坐标轴设置图

图 4-11　文本控制设置窗口

1）多层图形模板

Origin 附带了多个多层图形模板，它们分别为双 Y 轴（Double-Y）、垂直两栏（Vertical 2 Panel）、水平两栏（Horizontal 2 Panel）、四栏（4 Panel）、九栏（9 Panel）等。

（1）双 Y 轴图形

导入"Samples\Curve Fitting"文件下的"Linear Fit.dat"，选中 B、C 列，通过菜单"Plot> Multi-Curve>Double-Y"得到双 Y 轴图形，如图 4-12 所示。

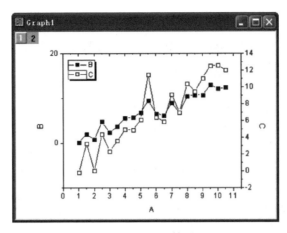

图 4-12　双 Y 轴图

可以看出,Origin 将 B、C 列数据分别关联到左、右坐标轴,尽管两个 Y 轴的数值范围不同,却均可显示其特征。图形窗口左上角的阿拉伯数字是图层的标识,哪个数字高亮显示,则该图层处于活动状态。

如果两个 Y 列数据关联不同的 X 列数据,可以将各自的 X 列数据置于上、下坐标轴。

(2) 垂直或水平两栏图

对于垂直两栏(Vertical 2 Panel)和水平两栏(Horizontal 2 Panel)图,仍以"Samples\Curve Fitting"文件下的"Linear Fit. dat"数据文件为例进行说明。

选中 B、C 列后,如果选择的是菜单"Plot＞Multi-Curve＞Vertical 2 Panel"或"Horizontal 2 Panel"命令,则得到垂直两栏或水平两栏图形,如图 4-13 所示。

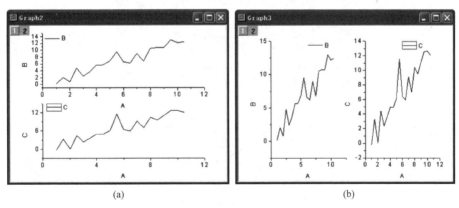

图 4-13　垂直两栏和水平两栏图
(a) 垂直两栏；(b) 水平两栏

2) 图层管理

图层的添加、排列、大小和位置以及坐标轴的关联通过"Layer Management"对话框完成。单击菜单"Graph＞Layer Management..."命令可打开"Layer Management"。图层管理主要通过"Add""Arrange""Size/Position"和"Link"四个选项卡来完成。"Add"选项用于添加图层；更改坐标轴出现的位置及坐标形式(线性、对数等)；设定图层背景、填充、边界等的颜色。"Arrange"选项中可进行设定图形窗口中的分栏,即图层的排列分布；设定空白间隙的大小等操作。"Size/Position"选项中设定图层在图形窗口中所占的比例、位置。"Link"选项设定各图层之间坐标轴是否相互关联。关联之后，如果某一图层的坐标轴比例改变，那么与之关联的其他图层也相应改变。

图层的添加也可以通过在图层的空白处右击，在"New Layer(Axes)"中根据实际需要选择不同类别的图层类型，其中 linked X 或 linked Y 代表共用 x 或 y 数据。图层添加后，进一步排列图层、关联坐标轴，可使其清晰显示。

3）图形定制

该部分内容参考"绘制简单二维图"中的定制数据曲线内容。

4.5.3　图形美化

通过前面的介绍，利用 Origin 绘制的图形已能初步满足我们的需求，还可通过添加文本对绘制图进行必要的说明。但实验所得数据不能与经验公式完全匹配，此时可以通过必要的数据分析来使绘制图形更趋完美。

1. 曲线拟合

在数据分析处理过程中，经常需要从一组测定的数据如 N 个点(X_i, Y_j)，去求得因变量 Y 对自变量 X 的一个近似解析表达式，这就是数据回归、拟合。Origin 提供了线性、多项式、非线性函数以及自定义函数拟合等多种数据拟合模块，可以方便地对数据进行回归、拟合分析。

对图 4-6 中的数据进行线性拟合，单击菜单命令"Analysis"→"Fitting"→"Fit Linear…"，图 4-14 为线性拟合的对话窗口。线性拟合后的曲线如图 4-15 所示。

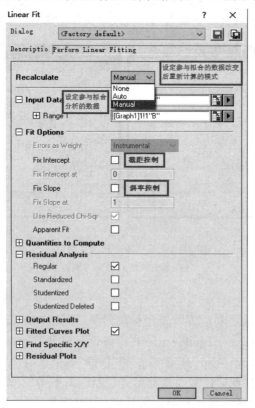

图 4-14　线性拟合的对话窗

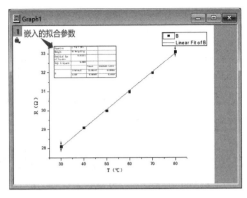

图 4-15　线性拟合曲线图

2. 数据屏蔽

在对数据进行分析处理(如回归、拟合)时，通常要先选择数据和屏蔽不参与分析处理的数据。

如图 4-16 所示，单击 Tools 工具栏上的"Data Selector"或"Regional Data Selector"按钮选取数据；单击菜单命令"Data"→"Clear Data Markers"清除数据选择范围。

图 4-16　数据选择钮

如果个别数据点在分析或拟合过程中想去掉，而又不想删除，或只分析图形中的部分数据，可以用"Mask"工具将不参与分析的数据屏蔽掉。用"Add Mask Points"工具选取想要屏蔽的数据点即可将该数据点屏蔽；要结束屏蔽，用"Remove Mask Points"工具选取被屏蔽的数据点即可。在工作表中屏蔽数据可以通过右键快捷菜单命令"Mask"→"Apply"实现，也可以通过"Mask"工具栏实现。图 4-17 给出了一个屏蔽数据点的例子。

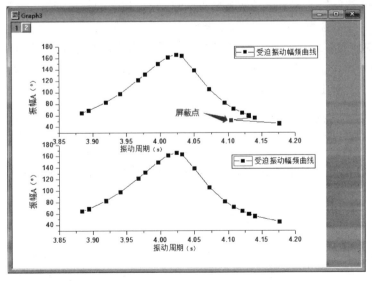

图 4-17　屏蔽数据点后曲线图

4.5.4　图形输出

Origin 的图形输出主要有通过剪切板输出和图像文件输出两种方式。

利用剪切板输出时，在图形窗口激活的状态下，通过菜单"Edit＞Copy Page"或单击右键快捷菜单"Copy Page"可以将 Origin 图形复制到剪切板；再粘贴到其他应用程序（如 Word 等）中即可。该方法是将 Origin 图形嵌入到其他应用程序，因此，可以在其他程序里双击嵌入的图形打开 Origin 程序进行图形的编辑。

利用图像文件输出这种方式时，可以把它输出为某种格式的图形文件，以备其他程序调用。打开"File"菜单，单击"Export Page…"，再在"保存类型"下拉菜单中选择图形格式即可完成输出。对于"Word"程序，建议选用对"Word" 程序兼容性好的"EMF"格式。

4.6　Excel 基础与数据处理

Microsoft Excel（简称 Excel）是微软（Microsoft）公司的办公软件 Microsoft Office 的组件之一，是一款供 Windows 和 Apple Macintosh 操作系统的计算机使用的试算表软件。Excel 是微软办公套装软件的一个重要的组成部分，它可以进行各种数据的处理、统计分析和辅助决策操作，广泛地应用于各行各业。

在大学物理实验中，实验的最终目的是通过数据的获得和处理，从中揭示出有关物理量的内在关系，以期寻找经验公式或物理量变化规律的过程。数据的处理始终贯穿于从获得原始数据到得出结论这一整个阶段。对实验数据的处理，包含了记录、整理、计算、分析、拟合等过程，相应的数据处理方法有列表法、图示法、图解法、逐差法和最小二乘线性拟合法等。

Excel 突出的优点是易学易用、操作简单，不需要另行编程，只需利用 Excel 软件自带的函数、快速生成图表和数据管理等功能，就可实现快速的数据处理，并能将这些数据生成图表。

利用 Excel 软件处理大学物理实验数据，可以减少枯燥的数据计算，有效地避免运算过程中的错误；曲线拟合简单而又快捷，并避免了手工作图的人为误差，还可显示出数据的变化趋势，从而快速而客观地获得实验结果。这有助于学生掌握数据处理的概念和方法，同时将学生从烦琐的数据处理中解放出来，提高其学习兴趣，让学生将精力集中在实验操作和对实验原理的理解上，有利于学生加深对大学物理实验的掌握。

4.6.1　Excel 基础知识

打开 Excel，新建一个 Excel 文件。一个 Excel 文件称为一个工作簿，一个工作簿中可以包含若干张工作表。每张工作表都有一个标签，默认为 Sheet1/Sheet2/Sheet3 来命名（一个工作簿默认为由 3 个工作表组成）。其显示界面如图 4-18 所示，主要包括：功能区、工作表区、行/列标题栏、名称框、编辑栏、状态栏。

1. 功能区

功能区根据功能的不同，将常用到的命令进行了分类显示，分为三个区域：选项卡（开始、插入、页面布局、数据、公式等）、命令组（比如开始选项卡下的字体、对齐方式、样式等）、

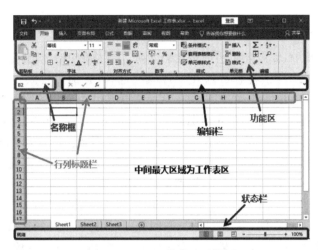

图 4-18 Excel 软件显示界面

命令(比如字号、字体、字体颜色、左对齐、右对齐等)。功能区可以进行个性化设置,按所需顺序排列选项卡和命令、隐藏或取消隐藏功能区,以及隐藏较少使用的命令。此外,还可以导出或导入自定义功能区。

2. 工作表区

工作表区作为 Excel 界面最大的区域,大部分的操作都在这里进行,如数据处理、图表绘制、形状、窗体等。

工作表的每一个格称为单元格。工作表中带黑色外框的单元格称为活动单元格,也称为当前单元格或激活单元格。由多个单元格组成的矩形区域称为活动单元格区域(也称为表格区域)。

3. 行/列标题栏

工作表中的每一行行首数字(1,2,3,…)称为行标题,一张工作表最多有 65 536 行。工作表中每一列列首的字母(A,B,C,…)称为列标题,一张工作表最多有 256 列。

4. 名称框

名称框可以显示当前活动对象的名称,如显示 B2,表示第 2 行、第 B 列的单元格。名称框可以用来快速定位、快速选择(比如选择 A1 到 C6 区域,直接在名称框中输入 A1:C6,输入完后,按回车就可以选中),利用名称管理器对区域进行定义名称,便于在公式和函数中引用。

5. 编辑栏

编辑栏显示当前单元格的内容,如输入的文本、日期等或函数公式,除了可以在单元格编辑内容外,编辑栏中也可以对内容进行编辑。

6. 状态栏

状态栏主要显示当前 Excel 进行的工作(如当前是否在录制宏,选中数据区域时会显示其平均值、最大最小值、求和、计数等),还有视图模式(包括普通视图、页面布局、分页预览)、缩放滑块。

4.6.2 数据记录

在大学物理实验中，常用列表法记录实验数据。表格使得大量数据表达清晰、醒目、条理化，便于观察和比较，易于检查数据和发现问题，同时有助于反映出物理量之间的对应关系。

Excel 作为一种通过表格的形式对数据进行录入及处理的软件，通过它可以方便地设计出一个简明醒目、合理美观的数据表格。设计时应根据实验内容和要求，灵活运用"合并及居中"工具，力求做到栏目清楚、简明、齐全、有条理；栏目的顺序应充分注意数据间的联系和计算顺序，各栏目应注明所记录的物理量的名称（符号）和单位，若名称用自定的符号，则需加以说明；符号与单位之间用斜线"/"隔开，或将单位用括号"（）"括住；单位不宜混在数字之中，以免造成分辨不清；对应函数关系的数据表格，应按自变量由小到大或由大到小的顺序排列，以便于判断和处理。表 4-6 为用螺旋测微计测量钢丝直径实验数据的记录表，就充分遵循了以上要求。

表 4-6　用螺旋测微计测量钢丝直径实验数据表

◤	A	B	C	D	E	F	G	H
1	次数 i	1	2	3	4	5	6	平均值
2	d/mm	0.804	0.802	0.799	0.801	0.798	0.803	0.801

除此之外，用 Excel 记录组织数据，还具有以下优点。

（1）可通过"单元格格式"中的"数值"选项对录入数字的小数位数进行设置，确保原始测量数据能正确地反映有效数字。例如，图 4-17 中 B2 到 H2 区域，均设为 3 位小数位数，数据录入时，Excel 将自动按设置进行取舍。

（2）可利用 Excel 的自动填充序列功能对递增、递减或其他一些具备确定变化规律的数字序列进行自动录入，减少数据录入工作量。

（3）可在"单元格格式"中把表格数据按不同类型设置成不同颜色、不同字体，从而达到醒目显示的效果。

（4）可在表格设计完成后对表格中的指定单元格进行保护设置，形成数据记录模板，方便以后使用。

4.6.3 数据处理

在 Excel 中，用户可在表格中定义运算公式，引用单元格利用公式自动进行计算，也可利用 Excel 提供的函数功能，进行复杂的数学分析和统计，从而提高工作效率。

1. 公式

公式是指在工作表中对数据进行分析计算的算式，可进行加、减、乘、除等运算，也可在公式中使用函数。公式要以等号（＝）开始。在公式中常用单元格的地址来代替单元格，并把单元格的数据和公式联系起来，引用时列在前、行在后。

（1）输入公式：先输入等号（＝），再输入公式，如"＝A2＋A3"；

（2）复制公式：按"Ctrl"键在有公式的单元格中拖动填充柄进行公式的复制；

（3）编辑公式：在编辑栏中的公式中单击按需要进行设置。

2. 函数

函数实际就是预先建立好的公式,通过使用一些称为参数的特定数值来按特定的顺序或结构执行计算。利用 Excel 的内置函数,可以轻松得到输入数据的平均值、标准偏差等信息,物理实验中经常用到的函数如表 4-7 所示。

表 4-7 物理实验中常用的 Excel 函数

编 号	名 称	涵 义
1	PI	代表圆周率 π,注意 PI 函数是没参数的
2	SIN	正弦函数,返回已知角度的正弦
3	COS	余弦函数,返回已知角度的余弦
4	TAN	正切函数,返回已知角度的正切
5	SQRT	计算给定数值的开方
6	POWER	计算给定数值的乘幂
7	EXP	计算自然常数 e 的指数
8	LN	计算以自然常数 e 为底的对数
9	LOG10	计算以 10 为底的对数
10	MOD	用于返回两数相除的余数,回结果的符号与除数的符号相同
11	ABS	求绝对值
12	ROUND	返回数值四舍五入的结果
13	ROUNDUP	按指定位数向上取舍,即无论后面的数字是什么,取舍位都加 1
14	ROUNDDOWN	按指定位数舍去数字指定位数后面的小数
15	INT	将数字向下舍入到最接近的整数
16	SUM	求所选区域的总数
17	AVERAGE	求所选区域的平均值
18	MAX	求所选区域的最大值
19	MIN	求所选区域的最小值
20	COUNT	求所选区域的所有数据个数
21	COUNTIF	求所选区域内符合条件的单元格的数量
22	STDEV	求样本的估算标准偏差
23	SLOPE	求线性回归拟合方程的斜率
24	INTERCEPT	求线性回归拟合方程的截距函数
25	LINEST	对多个参数进行线性拟合,估算出拟合直线的斜率和截距
26	FORECAST	根据现有 x 值和 y 值,通过线性回归预测给定 x 值后求得的 y 值
27	CORREL	求两个单元格区域的相关系数
28	TINV	t 分布
29	SIGN	用于数字正负的判断,正数返回 1,0 返回 0,负数返回 -1
30	IF	判断是否满足条件,如满足返回一个值,不满足返回另一值

使用函数时,在公式中先输入函数名称和左括号,然后以逗号分隔输入参数,最后是右括号。以表 4-6 数据为例,对于钢丝直径平均值"$\bar{d}$"的计算,在 H2 单元格输入"$=$AVERAGE(B2:G2)",即可快速得出钢丝直径平均值。而对于 A 类不确定度、B 类不确定度、合成不确定度,在 I2、J2、K2 单元格中分别输入公式"$=$STDEV(B2:G2)/SQRT(COUNT(B2:G2))""$=0.004/$SQRT(3)""$=$SQRT(POWER(I2,2)$+$POWER(J2,2))"

也可相应算出。其他函数的使用方法可以通过搜索并仔细阅读 Excel 的帮助文件，这里不再赘述。

利用 Excel 处理数据，方法简便易行，结果精确度高，同时避免了烦琐的中间计算过程，大大降低了人为出错的可能性。

4.6.4 绘图

在数据处理中，有时要求我们将数据用坐标纸描绘出来，并根据数据点描绘出表示物理量之间函数关系的图线，进而由图线寻找相应的经验公式。对于这样的要求，利用 Excel 提供的图表功能可以轻松实现。

1. 绘制散点图

对于物理实验数据处理，选择图表类型时一般采取 XY 散点图。XY 散点图用来展示成对的数和它们所代表的趋势之间的关系，可以用来绘制函数曲线，从简单的三角函数、指数函数、对数函数到更复杂的混合性函数，都可以利用它快速准确地完成绘制。

图表绘制完成后仍可对图表标题、坐标、网格、数据标志等进行精心设置，确保坐标系及坐标分度选择合理，避免因作图而引进额外的误差。如果图线未充满所选用的整个图纸，应双击相应坐标轴，正确设置坐标分度值的起始数据。

下面以绘制伏安法测电阻的散点图为例进行说明。

（1）先把数据按列表法的要求列出因变量 y 和自变量 x 相对应的数据表格，如图 4-18 所示，并选取这些数据。

（2）单击"插入"菜单中"图表"选项，调出"图表向导"对话框。

（3）在"图表类型"中选择"XY 散点图"。此时默认"子图表类型"为第一个散点图，单击"下一步"。

（4）输入相应的"图表标题""X 轴名称/单位"和"Y 轴名称/单位"，单击"下一步"。

（5）单击"完成"。

这样，伏安特性曲线的散点图就被插入到 Excel 工作表中了。

2. 曲线拟合

在绘制散点图的基础上，还可用"图标"菜单栏选项中"添加趋势线"选项，在图表中添加显示数据趋势的趋势线，若数据点与某种趋势线完全重合，则说明两变量之间的关系符合该类拟合方程。如果在"添加趋势线"对话框的选项中勾选"显示公式""显示 R 平方值"，Excel 还将把满足所设定的拟合类型的方程及相关系数显示于图表。

以图 4-19 数据为例，利用图表向导即可轻松得到反映该实验电流和电压二者之间变化关系的图形及公式，具体操作步骤如下。

（1）选取数据点，并单击右键，选择"添加趋势线"，此时，"添加趋势线"对话框弹出。

（2）"类型"页面：在"趋势预测"中，选择"线性"。

（3）"选项"页面：勾选"显示公式"项，并单击"确定"。

这样，伏安特性的拟合直线就绘制完毕，并给出了拟合直线的方程。

除了"线性"模型，Excel 还提供了"对数""多项式""乘幂""指数""移动平均"等多种拟合模型。在大学物理实验中，应该仔细观测两个有函数关系的物理量，选择合适的拟合方法。

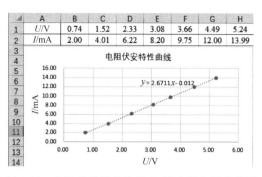

图 4-19　电阻伏安特性数据表、散点图和拟合曲线

由于 Excel 自带的拟合预设模板有限,所以在处理复杂数据模型时,有时难以获得理想的拟合曲线。如果想获得符合画图规范且更美观的拟合曲线,就必须借助于专业的绘图软件来实现,如 Origin 软件。当然,对于一般的大学物理实验来说,其绘图并不需要严格的高精度及美观性能,所以利用 Excel 足以满足大多数物理实验数据的处理要求。

3. 图形输出

图绘制好后可通过剪切板输出。选中需要输出的图形,单击右键快捷菜单"复制"可以将 Excel 图形复制到剪切板;再粘贴到其他应用程序(如 Word 等)中即可。

第 5 章

基 础 实 验

实验 5.1　力学基本物理量测量

最基本的力学量是长度、质量和时间。长度的测量是一切测量的基础。长度测量的常用工具有米尺、游标卡尺、螺旋测微计等。在一些实验中,测量显微镜也可用来测量长度,要求更高时可采用迈克耳孙干涉仪或激光测距仪来测量长度。测量长度的仪器和量具,在生产过程中和科学实验中被广泛应用,而且有关长度的测量方法、原理和技术在其他物理量的测量中也具有普遍意义。许多其他物理量的测量(如温度计、压力表以及各种指针式电表的示值),最终都是转化为长度(刻度)而进行读数的。在国际单位制中,长度的基本单位是米(m),定义为真空中光在 1/299 792 458 s 内的行程(1983 年国际计量大会重新定义)。质量、时间也是物理学的基本概念之一。在国际单位制中,质量的基本单位是千克(kg),常用测量工具为天平,包括物理天平和分析天平。在国际单位制中,时间的基本单位为秒(s),常用秒表来测量,实验室常用的是机械秒表、电子秒表、数字毫秒计等。

【课前预习】

1. 在使用直尺测量长度时,为了减少测量误差,应注意哪些方面?

2. 利用单摆测定重力加速度时,要求摆角很小(摆角小于 5°),如果摆角不是很小时,试推导单摆的摆动方程。

【实验目的】

1. 学会使用游标卡尺和螺旋测微计测量长度。

2. 学会使用天平测量质量。

3. 学会使用秒表测量时间。

4. 练习记录测量数据和计算不确定度。

【实验原理】

1. 规则物体的密度

规则物体的密度的计算公式为

$$\rho = \frac{m}{V} \tag{5-1-1}$$

式中,m 是物体的质量,可由天平直接测量得到;V 为物体的体积。不同形状的规则物体的体积计算公式不一样,例如圆柱体的计算公式为

$$V = \pi \frac{d^2}{4} h \tag{5-1-2}$$

式中,d 为圆柱体横截面的直径,h 为圆柱体的高。

2.利用单摆测重力加速度

当摆角很小(小于 $5°$)时,单摆可看作简谐运动,其固有周期为

$$T = 2\pi \sqrt{\frac{l}{g}} \tag{5-1-3}$$

则有

$$g = 4\pi^2 \frac{l}{T^2} \tag{5-1-4}$$

可见,只要测定摆长 l 和单摆的周期 T,即可由式(5-1-4)求得重力加速度 g。

【实验器材】

1.器材名称

游标卡尺、螺旋测微计、米尺、物理天平、铁架台(带夹子)、秒表等。

2.仪器介绍

1) 游标卡尺

(1) 游标卡尺的构造

游标卡尺的外形结构如图 5-1-1 所示,它主要由主尺 A 和可以沿主尺滑动的游标(又称附尺)B 构成。主尺是一根普通的钢制直尺,主尺左端有量爪 C 和 C'。附尺的左端有量爪 D 和 D',其右端有深度尺 G。量爪 C、D(又称外卡)用来测量外径和长度,量爪 C'、D'(又称内卡)用来测量内径,深度尺 G 用来测量深度,K 为锁紧游标的螺钉。

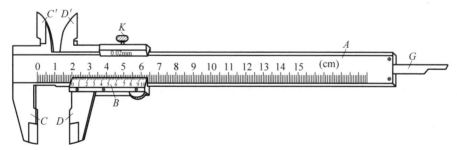

图 5-1-1　游标卡尺的构造

(2) 游标卡尺的测量原理

游标卡尺在测量前应进行校零,即量爪 $C'D'$ 合紧,看主尺和游标零线是否重合。若不重合,要记下此时读数,以便测量后进行修正。例如,读数值为 l_1,零点读数为 l_0,则待测量 $l = l_1 - l_0 (l_0$ 可正可负)。

设游标上有 m 格刻度,每格的长为 x(如图 5-1-2(a)所示),m 格的总长和主尺上 $(m-1)$ 格的总长相等,设主尺每小格的长度为 y,则

$$mx = (m-1)y \tag{5-1-5}$$

游标上的每格长度为

$$x = y - \frac{y}{m} \tag{5-1-6}$$

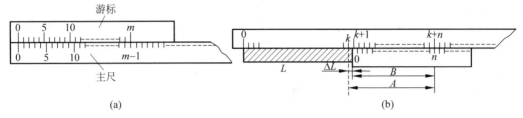

图 5-1-2　游标卡尺的读数

游标每格比主尺每格短

$$\Delta x = y - x = \frac{y}{m} \tag{5-1-7}$$

式中，Δx 称为游标卡尺的精度。

差值 Δx 正是游标卡尺能读准的最小数值，就是游标尺的分度值。按上述原理刻度的方法称为差示法。m 的值是任意的，常用的游标卡尺有 10 分度、20 分度、50 分度（即 m 分别取 $10,20,50$）三种规格。

测量物长 L 时，将一端对准主尺的"0"，若另一端在主尺第 k 与 $k+1$ 刻度之间（如图 5-1-2(b)所示），它离第 k 个刻度为 ΔL，则

$$L = ky + \Delta L \tag{5-1-8}$$

此时游标的"0"和 L 的一端相对齐，就能找到游标上第 n 个刻度和主尺上某一刻度——第 $k+n$ 刻度最接近，所以

$$\Delta L = A - B = n\Delta x = \frac{ny}{m} \tag{5-1-9}$$

于是

$$L = ky + n\frac{y}{m} \tag{5-1-10}$$

由此我们可以更精确地测出物体的长度。

对于 20 分度、零点读数为 $l_0 = 0$ mm 的游标卡尺，如图 5-1-3 所示，游标的精度值 $\Delta x = \frac{y}{m} = \frac{1}{20}$ mm $= 0.05$ mm，因此它的读数为

$$L = \left(17 + 13 \times \frac{1}{20}\right) \text{mm} = 17.65 \text{ mm}$$

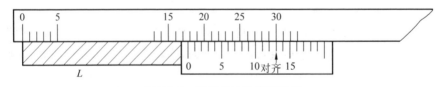

图 5-1-3　游标卡尺的读数示例

2）螺旋测微计（千分尺）

（1）螺旋测微计的构造

螺旋测微计是比游标卡尺更精密的长度测量仪器。对于螺距为 y 的螺旋，旋转一周螺旋将沿轴线方向移动一个螺距 y。如果转了 $1/n$ 周（n 是沿螺旋一周总的刻度线数目），螺

旋将沿轴线移动 y/n 的距离，y/n 称为螺旋测微计的分度值。因此借助螺旋的转动，把沿轴线方向移动、不易测量的微小距离，转变为圆周上一点移动的较大距离而表示出来，这就利用了所谓的机械放大原理。螺旋测微计就是根据此原理制成的。

常见的螺旋测微计的结构如图 5-1-4 所示，它的主要部分是一根微动测量螺杆，其螺距是 0.5 mm。当螺杆旋转一周时，螺杆就沿轴线前进或后退 0.5 mm。螺杆外部附有一个微分套筒，沿微分套筒的圆周有 50 条等分刻度线，当微分套筒转过一条刻度线时，测量螺杆就移动 0.5/50 mm＝0.01 mm。因此螺旋测微计的分度值是 0.01 mm，即千分之一厘米，由此得名"千分尺"。实验室常用的螺旋测微计的量程是 25 mm，分度值为 0.01 mm。

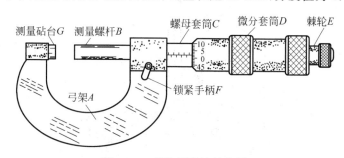

图 5-1-4　螺旋测微计结构图

（2）螺旋测微计测量原理

测量前先检查零点。先转动微分套筒，使测量螺杆与测量砧台靠近，再轻缓转动棘轮，使螺杆前进，当听到"喀、喀、喀"声时，即停止转动。这时的零点若不为零，就有零差出现。

测量数据校正方法是：设零点的读数为 L_0，待测物的读数为 L，则待测物的实际长度为

$$L' = L - L_0 \tag{5-1-11}$$

其零差值 L_0 可正可负，顺刻度线序列的 L_0 记为正值，逆刻度线序列的 L_0 记为负值。例如，在图 5-1-5(a) 中，$L_0 = -0.010$ mm；而在图 5-1-5(b) 中，$L_0 = 0.020$ mm。

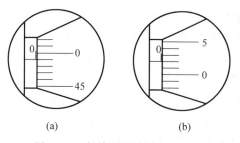

（a）　　　　（b）

图 5-1-5　螺旋测微计零点校正图

测量时，将待测物放于 G、B 之间，轻缓转动棘轮，使 G、B 面与被测物体的表面刚好接触，听到"喀、喀、喀"的声音就停止转动。然后以微分套筒前沿为第一读数准线，在固定套管标尺（即主尺）上读出整刻度数值（每个刻度为 0.5 mm），再以固定套管标尺上的水平线为第二读数准线，在微分筒上读出小于主尺一个刻度的数，估读到最小刻度的 1/10，即 0.01 mm 这一位上。两个读数之和就是测量读数。例如，图 5-1-6 中读数为 1.975 mm。

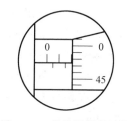

图 5-1-6　螺旋测微计读数

3）物理天平

物理天平的构造如图 5-1-7 所示。在横梁 B 的中点和两端共有三个刀口。中间刀口 A 安置在支柱 H 顶端的玛瑙刀垫上，作为横梁的支点；在两端的刀口 b 和 b' 上悬挂两个托盘 P 和 P'，横梁下部装有一读数指针 J，支柱 H 上装有读数标尺 S，在底座左边装有托架 Q，止动旋钮 K 可以使横梁升降，平衡螺母 E 和 E' 是空载时调平衡用的。

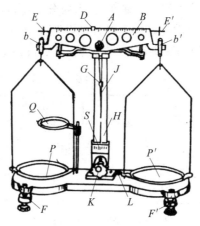

图 5-1-7　物理天平的构造图

A—主刀口；B—横梁；b, b'—刀口；D—游码；E, E'—平衡螺母；G—感量砣；H—支柱；L—水准仪；

J—指针；S—标尺；P, P'—托盘；K—制动旋钮；Q—托板；F, F'—底脚调节螺灯

每台物理天平都配有一套砝码。物理天平的两个重要技术指标为：称量和感量（或灵敏度）。称量是指物理天平所能称量的最大质量值。实验室中常用的一种物理天平，最大称量为 500 g。一般 1 g 以下的砝码太小，用起来很不方便，所以在横梁上附有可以移动的游码 D。感量是指天平指针从平衡位置偏转标尺上 1 个分度，天平所需加载的最大质量。感量与灵敏度成反比，天平的误差一般可取感量的 1/2。

利用物理天平称量物体的操作步骤如下。

（1）调整水平：调节天平的底脚螺丝 F 和 F'，使支柱背后底座上圆形水准仪 L 的气泡位于正中央（有的天平是使铅锤与底座上的准钉正对），以保证天平的支柱垂直，主刀口的垫台水平。

（2）调整零点（调横梁水平）：天平空载时，转动止动旋钮 K，支起横梁，启动天平，观察指针 J 的摆动情况。当指针 J 在标尺 S 的中线两边作等幅摆动时，天平就水平了。否则，应放下横梁，调节平衡螺母 E 和 E' 使天平处于水平状态。

（3）称量：将待测物体放在左盘，用镊子取砝码放在右盘，增减砝码（包括游码），使天平水平。

（4）将止动旋钮 K 向左旋转，放下横梁，止动天平，记下砝码和游码读数。把待测物体从盘中取出，砝码放回盒中，游码归零，最后把放置托盘的支架摘离刀口，将天平完全复原。

正确使用和保护天平必须遵守如下规则。

（1）天平的负载不得超过其最大称量，以免损坏刀口和压弯横梁。

（2）在调节天平、取放物体、取放砝码（包括调节游砝）以及不用天平时，都必须将天平止动，以免损坏刀口。只有在判断天平是否水平时才将天平启动。天平启动或止动时，旋转止动旋钮的动作要轻缓，止动时最好在天平指针接近标尺中线刻度时进行。

（3）待测物体和砝码要放在相应的托盘正中。砝码不许直接用手拿取，只准用镊子夹取。称量完毕，砝码必须放回盒内相应位置，不得随意存放。

（4）天平的各部件以及砝码都要注意防锈、防蚀。高温物体、液体及带腐蚀性的化学药品不得直接放在托盘内称量。

4）计时仪器

秒表有各种规格，实验室最常用的有机械秒表、电子秒表和数字毫秒计等。机械秒表一般为双针，长针是秒针，短针是分针；电子秒表由液晶屏显示时间。这两种秒表都是由表面顶部的按钮来控制开始计时、终止计时、复零等功能的，操作比较简单。数字毫秒计是测量时间间隔的数字仪表，如气轨实验中就是使用数字毫秒计来测量时间间隔的。

【实验内容】

1．测量小钢柱的密度。

1）用游标卡尺测量小钢柱的高。

2）用螺旋测微计测量小钢柱的直径。

3）用天平测量小钢柱的质量。

2．利用单摆测量重力加速度。

1）将细线的一端穿过小钢球上的小孔并打结固定好，线的另一端固定在铁架台上，做成一个单摆。

2）用米尺测定单摆的摆长 l（摆线静挂时从悬挂点到球心的距离）。

3）让单摆摆动（摆角小于 $5°$），测定 n 次（n 取 $30\sim50$）全振动的时间 t。

【数据记录与处理】

1．测量小钢柱的密度

（1）游标卡尺的规格：量程_____；分度值_____。

（2）螺旋测微计的规格：量程_____；分度值_____。

（3）零点读数：$d_0=$_____；$h_0=$_____。

（4）将所测得的小钢柱的高度、直径及质量分别记录于表 5-1-1 及表 5-1-2 中。

表 5-1-1　小钢柱长度及直径测量

次数 i	长度 h/mm		直径 d/mm	
	h_i	$h_i-\bar{h}$	d_i	$d_i-\bar{d}$
1				
2				
3				
4				
5				
6				
平均值				

表 5-1-2　小钢柱的质量测量

次数 i	1	2	3	4	5	6	平均值
m/kg							

（5）依据密度的公式 $\rho = \dfrac{m}{V} = \dfrac{4m}{\pi d^2 h}$ 计算出小钢柱的密度，并计算其不确定度。

2. 测量重力加速度

（1）将所测得的单摆摆长及摆动周期分别记录于表 5-1-3 与表 5-1-4 中。

表 5-1-3　单摆摆长测量

次数 i	1	2	3	4	5	6	平均值
l/cm							

表 5-1-4　单摆摆动周期测量

次数 i	1	2	3	4	5	6	平均值
T/s							

（2）依据公式 $g = 4\pi^2 \dfrac{l}{T^2}$ 计算出重力加速度，并计算其不确定度。

【思考题】

1. 在长度测量时，对测量位数的读取有何要求？

2. 用物理天平称量物体时，能不能把物体放在右盘而把砝码放在左盘？为什么？

【实验拓展】

重力加速度的实验测量方法很多，请设计一个测定重力加速度的小实验。

实验 5.2　电磁学常用仪器使用

电磁测量是现代生产和科学研究中应用很广泛的一种测量方法和技术。电磁学实验在大学物理实验中占的比重很大，此类实验最常用的仪器是电源、电表、滑线变阻器和电阻箱等。

【课前预习】

1. 电流表的内接法与外接法的异同。

2. 灵敏阈的概念是什么？它和哪些因素有关？

【实验目的】

1. 练习使用电压表、电流表、电阻等电器或元件。

2. 掌握直流单臂电桥测电阻的原理和方法。

3. 掌握元件伏安特性的测量方法，了解其系统误差，正确选择测量电路。

4. 测绘线性电阻和晶体二极管的伏安特性曲线。

【实验原理】

1. 电阻的伏安特性

伏安法测电阻的方法较为简单。为了研究元件的导电性，通常作出其伏安特性曲线，了解它的电压和电阻的关系。由于测量时电表被引入测量电路，电表内阻必然会影响测量结果，因而应考虑对测量结果进行必要的修正，以减小系统误差。

当直流电流通过待测电阻 R_x 时，用电压表测出 R_x 两端电压 U，同时用电流表测出通

过 R_x 的电流 I,根据欧姆定律 $R=U/I$ 算出待测电阻 R_x 的数值,这种方法称为伏安法。以测量的电压值为横坐标,相对应的电流值为纵坐标作图,所得流过电阻元件的电流随元件两端的电压变化的关系曲线,称为电阻的伏安特性曲线。不同材料的电阻按其性质的不同还可分为两种类型。一类称为线性电阻或欧姆电阻,满足欧姆定律;另一类称为非线性电阻,不满足欧姆定律。线性电阻伏安特性曲线是一直线,如金属膜电阻等;非线性电阻伏安特性曲线不是直线,而是一条曲线,如二极管等。如图 5-2-1 所示。

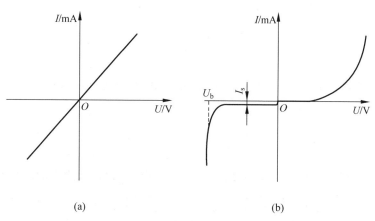

图 5-2-1　电阻的伏安特性曲线

（a）线性电阻；（b）非线性电阻

1）电流表内接、外接原理

在电阻伏安特性曲线的测绘实验中,考虑电流表、电压表的内阻对实验结果的影响,有电流表内接和电流表外接两种接法。在图 5-2-2 中,开关 K_2 接通 1 时,为电流表内接法;开关 K_2 接通 2 时,为电流表外接法。由于电表的内阻存在,不管采用哪种接法,对测量结果都会带来系统误差。

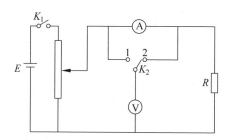

图 5-2-2　电阻伏安特性研究电路连接图

设电流表内阻为 R_A,电压表内阻为 R_V。电流表内接时(即 K_2 接通 1),有

$$\frac{U}{I}=R+R_A \tag{5-2-1}$$

$$R=\frac{U}{I}-R_A \tag{5-2-2}$$

若将 $R'=\dfrac{U}{I}$ 作为电阻值,则 R' 必然比真实 R 值大,由此带来的相对误差为

$$E_{内接} = \frac{\Delta R}{R} = \frac{R' - R}{R} = \frac{\frac{U}{I} - \left(\frac{U}{I} - R_A\right)}{R} = \frac{R_A}{R} \tag{5-2-3}$$

当电流表外接时（即 K_2 接通 2），有

$$\frac{U}{I} = \frac{RR_V}{R + R_V} \tag{5-2-4}$$

即

$$R = \frac{U}{I} \cdot \frac{R_V}{R_V - \frac{U}{I}} \tag{5-2-5}$$

若将 $R' = \dfrac{U}{I}$ 作为电阻值，则 R' 必然比真实 R 值小，由此带来的相对误差为

$$E_{外接} = \frac{\Delta R}{R} = \frac{R' - R}{R} = \frac{\frac{U}{I} - R}{R} = \frac{\frac{RR_V}{R + R_V} - R}{R} = -\frac{R}{R + R_V} \tag{5-2-6}$$

由此可见，在研究电阻的伏安特性时，由于电表内阻的影响，测得的阻值总是偏大或偏小，使之存在一定的系统误差。实验过程中，究竟采用哪种接法比较好？当 $R > \sqrt{R_A R_V}$ 时，电流表采用内接法较好；当 $R < \sqrt{R_A R_V}$ 时，电流表采用外接法较好。同时，依据式(5-2-2)和式(5-2-5)可对电阻值进行修正。

2) 半导体二极管

半导体二极管是一种常用的非线性电子元件，由 P 型与 N 型半导体材料制成 PN 结并经欧姆接触引出电极后封装而成。两个电极分别为正极和负极。二极管的主要特点是单向导电性，其伏安特性曲线如图 5-2-1(b)所示。其特点是：当二极管正向电压较小时，正向电流很小，近乎为零；当正向电压达到一定值时，正向电流显著增大，伏安特性曲线呈现为单调上升曲线，在正向电流较大时，趋近为一条直线。当二极管加反向电压时，反向电流很小，并且反向电流不随反向电压而增大，即抵达了饱和，这个电流称为反向饱和电流，在图 5-2-1(b)中用符号 I_S 标明；当反向电压超过某一数值 U_b 时，电流急剧增大，这种情况称作击穿，U_b 叫作击穿电压。

由于二极管具有单向导电性，因此在电子电路中得到广泛应用，常用于整流、检波、限幅、元件保护以及在数字电路中作为开关元件等。

2. 直流电桥测电阻

电阻值的测量是基本电学量测量之一。用伏安法测量电阻时，除了因使用电流表和电压表准确度不高带来的误差外，还存在线路本身不可避免带来的误差。电桥是一种采用比较法进行测量的仪器，可以用来测量电阻、电容、电感等多种物理量，还可以测量一些非电学量，测量精度比较高。电桥包括平衡电桥和非平衡电桥。平衡电桥根据所使用的电源，可分为直流平衡电桥和交流平衡电桥。直流平衡电桥按照其结构又分为单臂电桥和双臂电桥，前者在测量中等阻值的电阻时，可以得到较为精确的结果。

1) 电桥的测量原理

惠斯通电桥（单臂电桥）是最常用的直流电桥，其测试原理如图 5-2-3 所示。图中 R_1，

R_2,R_3 是已知阻值的标准电阻,与被测电阻 R_x 一起称为电桥的四臂,G 为灵敏电流计,BD 支路称为"桥"。当通过 G 中电流 $I_g = 0$ 时,电桥平衡。此时,B、D 两点电位相等,则有

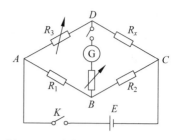

图 5-2-3 惠斯通电桥的测试原理

$$\begin{cases} I_x R_x = I_1 R_1 \\ I_3 R_3 = I_2 R_2 \end{cases} \qquad (5\text{-}2\text{-}7)$$

将式(5-2-7)化简可得

$$\frac{R_x}{R_3} = \frac{R_1}{R_2} \qquad (5\text{-}2\text{-}8)$$

或

$$R_x = \frac{R_2}{R_1} R_3 = K R_3 \qquad (5\text{-}2\text{-}9)$$

用惠斯通电桥测量电阻时,首先要调节电桥的平衡,即满足测量的条件(平衡条件)。本实验中 R_1,R_2,R_3 的阻值均可调节,但调平衡时最好固定比率 K(为了方便,通常选择其值为 10 的幂次),然后再调 R_3。

为了消除比率 K 的比值的系统误差对测量结果的影响,实验中交换 R_1 和 R_2 的位置再测一次,取两次测量结果 R_{x1} 和 R_{x2} 的平均值为 R_x,即

$$R_x = \sqrt{R_{x1} R_{x2}} \qquad (5\text{-}2\text{-}10)$$

2) 平衡电桥的灵敏度

如果电桥平衡后,任意改变其中一臂的电阻值,使其变为 $R \pm \Delta R$,电桥失去平衡,此时检流计偏转 $\Delta \alpha$。通常定义电桥的灵敏度,用 S 表示,即

$$S = \frac{\Delta \alpha}{\dfrac{\Delta R}{R}} \qquad (5\text{-}2\text{-}11)$$

S 的大小与电桥各个电阻的大小、检流计灵敏度的高低、"桥"BD 间的电阻以及电桥的工作电压等因素有关,它综合地反映了电桥性能的优劣。S 越大,电桥越灵敏。S 较小时,就不能准确指示和判断平衡条件,从而影响测量效果。

由于检流计的灵敏度有限,一般检流计的指针偏转小于 0.1 格或者 0.2 格时,人眼难以分辨,从而认为电桥达到平衡,但这时可能仍有较小的电流通过检流计,使测量产生系统误差。在本实验中,我们将"0.2 分格"作为检流计指针偏转的灵敏阈。

【实验器材】

1. 器材名称

直流电源、电压表、电流表、滑线变阻器、电阻箱、开关、二极管、检流计、待测电阻、数字万用表等。

2. 仪器介绍

1) 电源

电源是把其他形式的能量转变为电能的装置。电源分为直流电源和交流电源两类。

(1) 直流电源

实验室常用的直流电源有干电池、蓄电池和晶体管直流稳压电源。直流电源用字母

"DC"或符号"－"表示,电路中直流电源用符号"⊣⊢"表示。

干电池是电磁学实验中常用的工作电源,它是把化学能直接转变为电能的装置,是一种一次性电池。干电池在电路中的电动势是不断变化的,严格地讲不是恒定的电压源。当工作电流小于 100 mA 且一定时,在较短的时间内仍可视为较好的恒压源。在使用时注意正、负极性不能接错,更不允许短路。

蓄电池的工作原理也是把化学能转化为电能。它的作用是能把有限的电能储存起来,在需要时使用。蓄电池的优点是放电后可再充电,放电时电动势较稳定,缺点是比能量(单位重量所蓄电能)小,对环境有污染问题。蓄电池的工作电压平稳、使用温度及使用电流范围宽、能充放电数百个循环、储存性能好(尤其适于干式荷电储存)、造价较低,因而应用广泛。

直流稳压电源是将交流电转变为直流电的装置。它通过整流、滤波、自动稳压后输出直流电。它的特点是输出电压高、电压稳定性好、内阻小、可调节范围大、带负载能力强,因此在实验中逐步取代了化学电池。

使用稳压电源应注意正负极不能接错,不能短接,不能超载。使用完毕,将"电压输出"调到最小,再切断电源。36 V 以下的是安全电源,使用 36 V 以上的电源时,要注意安全,防止触电。

(2) 交流电源

实验室常用的交流电源是电力网电源。它的输出电压为 220 V,频率为 50 Hz,一般用符号 AC 或"～"表示,电路中用符号"－⨀－"表示交流电源。电力网电压常有波动,一般为 ±10%。如果实验对电压稳定性要求较高,就要求用交流稳压电源。在需要高于或低于 220 V 的交流电源时,可采用变压器来调节。在使用时注意不要超过其额定功率。

2) 电表

(1) 指针式电表

电表的种类很多,有磁电式、电磁式、电动式、感应式等,实验室常用的表面以指针指示的电表大都是磁电式电表,其基本构造与原理如图 5-2-4 所示。它的读数靠指针在标尺上的偏转来显示。这种仪表适用于直流测量,具有灵敏度高、刻度均匀(欧姆表除外)、便于读数等优点。

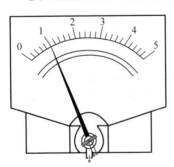

图 5-2-4　指针式电表

① 电流计(俗称表头)

电流计常测量微安级电流。电流计是利用通电线圈在永久磁铁的磁场中受到一力偶作用发生偏转的原理制成的。在一个极掌形永久磁铁之间安装一个圆柱形的铁芯,铁芯和极掌之间装有一个可自由转动的线圈,线圈一端固定一个指针,转轴上固定一个弹簧。当线圈中通过弱电流时,线圈将受磁力矩作用产生转动,同时游丝又将给线圈一个反向回复力矩使线圈平衡在某一个角度,指针停在一定位置,线圈偏转角的大小与通入电流成正比,电流的方向不同,线圈偏转的方向就不同。这是磁电式电表的基本特征。电流计上还配有调零旋钮,若使用时指针不指零位,可用工具轻轻调节表壳外面的调零旋钮。

电流计(表头)可以用来检验电路中有无电流通过,因为线圈的导线很细,(电流计)所能允许通过的电流往往是很微小的,能直接测量的电流在几十微安到几十毫安之间,如果用它来测量较大的电流,必须加上分流器来扩大量程。

电流计作为检流计(专门用来检测电路中有无电流通过的电表)使用时,其零点位于刻度盘的中央,接线不分正负极。检流计有按钮式和光点反射式两类。

② 直流电流表(安培表)

在磁电式表头的线圈上并联一个阻值很小的分流电阻,就构成了直流电流表。分流电阻的作用是使线路中的电流大部分流过它,只有少量的电流才通过表头的线圈,这样就扩大了电流的量程。利用阻值不同的分流电阻就可构成不同量程的电流表,如微安表、毫安表、安培表等。

③ 直流电压表(伏特表)

在磁电式表头线圈上串联一个阻值很大的分压电阻,就构成了直流电压表。当测量电压时,分压电阻起分压作用,并使绝大部分电压落在分压电阻上,只有很小一部分电压落在表头上。利用阻值不同的分压电阻,就能构成不同量程的伏特表,如毫伏表、伏特表和千伏表等。

④ 万用电表

万用电表简称万用表,它是由多量程的电压表、电流表和欧姆表等组成的多功能仪表。在使用万用表测量电阻时,由于内装干电池的电动势在使用过程中会下降,这会带来比较大的测量误差,所以欧姆表设有"零点"调节旋钮。使用时先将两表笔短接,调节调零旋钮,使指针恰好指在电阻刻度标尺的零点处。每次改变欧姆表的量程时,都必须重新调零。若调节调零旋钮,指针无法"指零",则应更换电池。

⑤ 电表的使用方法及注意事项

使用电表前要校准零点。在电表的外壳上,有机械零点调节螺钉,用旋具可以调节电表的机械零点。

注意电表的极性。接线柱旁标有"＋""－"极性,电流表的"＋"表示电流流入端,"－"表示电流流出端。接线时切不可把极性接错,以免损坏电表。

正确连接电表。电流表必须串联接到电路中,电压表应与被测电压的两端并联。

合理选择量程。根据待测电流或电压的大小,选择合适的量程。若量程太小,过大的电流或电压会损坏电表;若量程过大,则指针偏转太小,测量不准确。

读数时避免视差。为了减少视差,读数时必须使视线垂直于刻度面,精密的电表在刻度槽下装有反光镜,读数时应使指针与它镜中的像相重合。

读数时也要注意有效数字的位数。由表头表明的准确度等级及选用的量程大小,可确定最大示值误差为

$$\Delta_仪 = 量程 \times \frac{准确度等级}{100} \tag{5-2-12}$$

读数时数值应读到有误差的一位。例如,0.5 级、量程为 150 mA 的电流表,最大示值误差 $\Delta I_仪 = 150 \times \frac{0.5}{100}$ mA $= 0.75$ mA ≈ 0.8 mA,即读数时应读到小数点后一位。

万用表的使用。根据被测对象将功能选择旋钮拨至相应的位置;使用完毕,应将功能旋钮拨至空挡或交流电压最高电压挡,以防因疏忽把表笔接到交流高电压而损坏表头。

（2）数字式电表

随着电子技术的进步与发展，数字式仪表和数字测量技术迎来了一个蓬勃发展的新时期。将被测对象作离散化处理后以数字形式显示测量结果的仪表称为数字式仪表。数字式仪表的结构如图 5-2-5 所示。

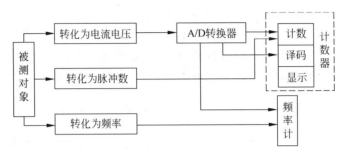

图 5-2-5　数字式仪表的结构方框图

图 5-2-5 中被测对象可以是电学量、磁学量和各种非电学量，结构上主要由转化功能电路、模/数转换器（A/D）与计数器或频率计等组成。物理实验室常用的数字式仪表有数字式电表和数字式频率计或电子计数器等。

直流数字式电压表配以各种变换器，便可形成一系列数字式仪表，具有测量电压、电流、电容、电感等多种功能的数字电表称为数字多用电表或数字万用表（digital multimeter, DMM），其原理如图 5-2-6 所示。

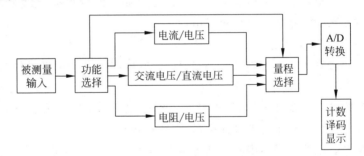

图 5-2-6　数字多用电表原理方框图

数字式电表显示位数一般为 3～8 位，具体有 3 位、$3\frac{1}{2}$ 位、$3\frac{2}{3}$ 位、$3\frac{3}{4}$ 位、$5\frac{1}{2}$ 位、$6\frac{1}{2}$ 位、$7\frac{1}{2}$ 位和 $8\frac{1}{2}$ 位共 8 种，并按以下原则定义：①整数值为能够显示 0～9 所有数字的位数；②分数值的分子是最大显示值的最高位值，分母为满度值的最高位值。例如，最大显示值 1 999、满度值为 2 000 的数字仪表是 $3\frac{1}{2}$ 位，其最高位只能显示 0 或 1 和符号，称为 $\frac{1}{2}$ 位。

数字电压表用准确度表示测量结果中系统误差与随机误差的综合，一般有以下两种表示形式：

$$\Delta = \pm(a\%U_x + b\%U_m) \tag{5-2-13}$$

$$\Delta = \pm(a\%U_x + n) \tag{5-2-14}$$

式中,a 为误差的相对项系数;b 为误差固定项系数(a、b、n 值见产品说明书);U_x 为读数值;U_m 为满度值(量程值)。将式(5-2-13)中满度值误差项折合成末位数字的变化量,即得式(5-2-14)。

3)电阻器

实验过程中,常用电阻器来改变电路中的电阻,以便改变电路中的电流或电压。物理实验室常用的电阻器有电阻箱和滑线变阻器。

(1)电阻箱

常用的旋转式电阻箱的面板如图 5-2-7 所示,面板上一般有四个接线柱,分别为 0,0.9 Ω,9.9 Ω,99 999.9 Ω。最大电阻可达 99 999.9 Ω,由"0"与"99 999.9 Ω"两接线柱引出。若电路中仅需"0~9.9 Ω"或"0~0.9 Ω",则分别由"0"与"9.9 Ω"或"0"与"0.9 Ω"两接线柱引出。这样可以避免电阻箱其余部分的接触电阻所带来的误差。

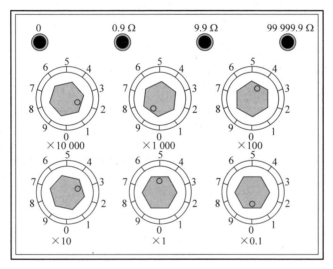

图 5-2-7 电阻箱面板

使用电阻箱时,应注意额定功率大小或允许通过的最大电流,它不能用来控制电路中较大的电流或电压。电阻箱仪器误差级别按国家标准分为 0.000 5 级、0.000 1 级、0.002 级、0.005 级、0.01 级、0.02 级、0.05 级、0.1 级、0.2 级等,它表示电阻值相对误差百分数。电阻箱的仪器误差,通常可根据下面的公式进行计算。

① 绝对误差为

$$\Delta R_{仪} = (Ra + bm) \times 100\% \tag{5-2-15}$$

② 相对误差为

$$\frac{\Delta R_{仪}}{R} = \left(a + b\frac{m}{R}\right) \times 100\% \tag{5-2-16}$$

式中,a 为电阻箱的准确度等级,R 为电阻箱所指示的值,b 是与准确度等级有关的系数;m 是所使用的电阻箱的转盘数。如某电阻箱的准确度等级为 0.05 级,则它的基本相对误差为 $\pm\left(0.05 + \dfrac{0.1m}{R}\right)\%$。

（2）滑线式变阻器

滑线式变阻器是可以连续改变电阻值的电器元件，其外形结构如图5-2-8所示。

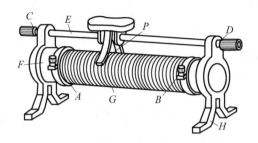

图 5-2-8　滑线变阻器

A、B、C、D—接线柱；E—金属棒；F—瓷管；G—电阻丝；H—支架；P—滑片

滑线变阻器在实验电路中主要有两种用法：分压和限流。实验电路中滑线变阻器的接法如图5-2-9所示。在如图5-2-9(a)所示的限流电路中，任选变阻器固定接线端（A、B）中一个和滑动接线端C连接于电路中即可；在如图5-2-9(b)所示的分压电路中，将变阻器两端（A、B）分别与电源两极相接，通过滑动端C来分压至负载R_L。

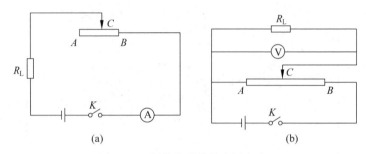

图 5-2-9　滑线变阻器的应用电路

(a) 限流电路；(b) 分压电路

在用变阻器控制电路时，除了要考虑变阻器阻值与额定电流外，还要考虑阻值与负载的配比以及控制的要求等技术指标。

（3）电位器

电位器具有三个引出端，是一种阻值可按某种变化规律调节的电阻元件，本质上就是滑动变阻器。电位器有几种样式，如用于音箱音量开关和激光头功率大小调节。

电位器通常由电阻体和可移动的电刷组成，其原理如图5-2-10所示。当电刷沿电阻体移动时，在输出端即获得与位移量成一定关系的电阻值或电压。

电位器既可作三端元件使用，也可作二端元件使用。后者可视作一可变电阻器，由于它在电路中的作用是获得与输入电压（外加电压）成一定关系的输出电压，因此称为电位器。

4）开关

开关（亦称电键）是电路中常用于接通和切断电源或变换电路的电学元件。实验中常用的开关有单刀单向、单刀双向、双刀双向、双刀换向、按键开关等各种开关，在电路中分别用图5-2-11所示的各种符号表示。

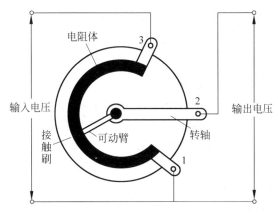

图 5-2-10　电位器原理示意图

1,2,3—引出端

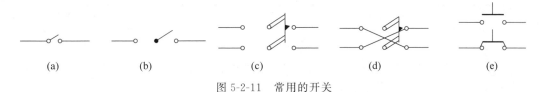

图 5-2-11　常用的开关

(a) 单刀单向；(b) 单刀双向；(c) 双刀双向；(d) 双刀换向；(e) 按钮开关

【实验内容】

1. 电阻的伏安特性研究

1）测绘线性电阻的伏安特性曲线

先用数字万用表粗测电阻的阻值大小,再根据实验室给出的电流表内阻和电压表内阻判断电流表的接法并设计电路。先将待测电阻上的电压调为零,改变加在电阻上的电流、电压,注意勿使电表指针偏转超过电表量程,分别读出相应的电流、电压值。改变加在电阻上的电压方向,重复上述实验步骤。

2）测绘晶体二极管的伏安特性曲线

合理设计电路,测量晶体二极管的正向、反向伏安特性曲线,得出饱和电流 I_S。注意二极管上反向电压不得超出其击穿电压 U_b。

测绘正向伏安特性曲线时,电流表采用外接法,电压表量程取 1 V 左右。缓慢增加电压(如取 0.1 V,0.2 V,…),在电流变化大的地方,对应的电压间隔应取小一些,直到流过晶体二极管的电流为其允许通过的最大电流为止。测绘反向伏安特性曲线时,电流表采用内接法,电流表应改用微安表,电压表量程取 50 V 左右,改变电压(如取 2.00 V,4.00 V,…),读出相应的电流值。

2. 直流电桥测电阻

1）自组惠斯通电桥测出给定的待测电阻

可将一段均匀的具有一定阻值的电阻丝作为电桥的两个臂,取中间位置作为这两个臂的中点,即两个臂的电阻相等。采用电阻箱作为标准电阻,取供电电路的工作电流 $I=0.3$ A。先用数字万用表粗测一下待测电阻的阻值大小,调节电阻箱阻值使电桥平衡,求出待测电阻的阻值。然后，利用交换抵偿法再次测出待测电阻的阻值。

2）电桥的测量不确定度

待测电阻实验测量值的误差主要来源于标准电阻（电阻箱）本身的误差，以及所采用测量电路即显示仪器的灵敏度所带来的误差。

电桥的灵敏度测量过程为：电桥平衡后，再调节电阻箱 R_3 至 $R_3 + \Delta R$，使检流计偏转 Δd（可为 2 或 3 分格），利用灵敏度的计算公式（5-2-11）计算得到由灵敏度不够高而引起的误差限值。

【数据记录与处理】

1. 电阻的伏安特性研究

1）线性电阻的伏安特性

（1）将所测得的线性电阻的电压和电流数据记录于表 5-2-1 中。

表 5-2-1   线性电阻的伏安特性

次数 i	正向电压/V	正向电流/mA	反向电压/V	反向电流/μA
1				
2				
3				
4				
5				
6				
⋮				
n				

（2）以电压为横坐标、电流为纵坐标，绘出线性电阻的伏安特性曲线。

2）晶体二极管的伏安特性

（1）将所测得的晶体二极管的电压和电流数据记录于表 5-2-2 中。

表 5-2-2   晶体二极管的伏安特性

次数 i	正向电压/V	正向电流/mA	反向电压/V	反向电流/μA
1				
2				
3				
4				
5				
6				
⋮				
n				

（2）以电压为横坐标、电流为纵坐标，绘出线性电阻的伏安特性曲线。在图上标出饱和电流 I_S，击穿电压 U_b。

2. 直流电桥测电阻

（1）将所测得的数据记录于表 5-2-3 中，并计算待测电阻的阻值。

表 5-2-3　待测电阻测量数据表（Δd 取 2 个分格）

物理量	R_{x1}/Ω	$\Delta R_1/\Omega$	Δ_{s1}/Ω	R_{x2}/Ω	$\Delta R_2/\Omega$	Δ_{s2}/Ω	$\sqrt{R_{x1}R_{x2}}/\Omega$
测量值							

（2）计算待测电阻阻值的不确定度。电桥的测量不确定度定量估算如下。

① 由标准电阻箱的示值误差引起的不确定度分量 σ_a 为

$$\Delta_{仪} = \frac{电阻箱精度等级}{100} \times 电阻箱示值 \tag{5-2-17}$$

$$\sigma_a = \frac{\Delta_{仪}}{\sqrt{3}} \tag{5-2-18}$$

② 电桥的灵敏度所贡献的不确定度分量 σ_b 为

$$\Delta_s = 0.2 \times \frac{\Delta R}{\Delta d} \tag{5-2-19}$$

$$\sigma_b = \frac{\Delta_s}{\sqrt{3}} \tag{5-2-20}$$

③ 测量结果的不确定度为

$$\sigma_{R_x} = \sqrt{\sigma_a^2 + \sigma_b^2} = \frac{1}{\sqrt{3}}\sqrt{\Delta_{仪}^2 + \Delta_s^2} \tag{5-2-21}$$

【思考题】

1. 伏安法测电阻的接入误差是由什么因素引起的？电阻的伏安特性曲线的斜率表示什么？

2. 实验时，用电流表、电压表测 30 Ω、2 kΩ、1 MΩ 电阻时，应分别采用哪种连接线路？

实验 5.3　常用光学元器件及基本实验技术之一 ——透镜焦距的测量

光学实验是物理实验中重要的组成部分。实验中，经常测量的基本物理量有：透镜的焦距、光学仪器的放大率和分辨率、透明介质的折射率、光波波长及偏振状态等。在学习光学实验时，要注意体会其设计思想以及适用条件，在测量过程中要注意观察和分析所发生的各种光学现象，注意其规律性以加深和巩固对所学知识的理解，并善于运用理论来指导实验过程。大学物理实验室中的光学实验仪器一般包含以下几大类。

（1）光源。一般来讲，光源分为普通光源和激光光源两类。常见的普通光源包含白炽灯、汞灯、钠灯、LED 光源（发光二极管）等；常见的激光光源包含氦氖激光器（波长为 632.8 nm）、半导体激光器（多辐射红光，但波长不固定）等。

（2）分光仪器。如衍射光栅、棱镜、分光计、单色仪、摄谱仪等。

（3）助视及测量仪器。如显微镜、望远镜、测微目镜、读数显微镜、阿贝折射仪、光度计、迈克耳孙干涉仪、平行光管、普朗克常量测量仪等。

（4）记录仪器。如照相机和全息器件及光电转换器件（包括 CCD、光电池、光电管等）。

尽管各类光学实验仪器种类繁多，但透镜仍是其中最普遍使用的基础元件之一。平凸透镜、凹透镜、双凸透镜、双凹透镜、正弯月透镜、消色差透镜、分光镜等都是常见的透镜，而凸透镜是几何光学和波动光学实验的基础元件之一。本实验以凸透镜为例，介绍了它的调整、观测、焦距测量、使用和保养的注意事项等内容，并在此基础上，介绍了利用多个透镜搭建望远镜的内容。

【课前预习】

1. 除了自准直法和两次成像法，还有哪些方法可以用来测量凸透镜的焦距？对比说明各种测量焦距方法的优缺点。

2. 三个及以上的光学器件的等高共轴应该怎么调整？请给出可行的调节步骤。

【实验目的】

1. 掌握常用光学仪器的操作方法。

2. 理解光路调试的方法及激光使用的注意事项。

3. 了解望远镜系统的设计原理。

4. 学习望远镜系统的调节和使用。

5. 掌握常用光学元件的保养与清洁方法。

【实验原理】

1. 凸透镜焦距的测量原理

凸透镜是光学实验中最常使用的透镜，而焦距是其最常测量的参数之一。凸透镜焦距的常见测量方法有以下两种。

1）自准直法

自准直法也称为平面镜法，其原理如图 5-3-1 所示。将实物 AB 垂直透镜光轴放置，并使其位于透镜的前焦面上，则物体上各点发出的光束经过透镜后，变为不同方向的平行光。经透镜后方焦平面上的反射镜 M 把平行光反射回去，反射光经过透镜后，在原物平面上呈现与实物大小相同的倒立实像 $A'B'$。此时物与透镜间的距离就是透镜的焦距 f。由于可以从透镜和实物的距离直接测得焦距，故利用自准直法测量透镜焦距比较方便快捷。

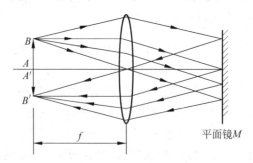

图 5-3-1   自准直成像法测焦距的原理示意图

2）两次成像法

将实物 AB 与光屏的距离 L 保持一固定值，且使 $L > 4f$。通过移动透镜，可在光屏上得到两次清晰的像，如图 5-3-2 所示。当透镜在位置 O_1 时，光屏上出现一个清晰的、放大的像 $A''B''$（设物距为 u，像距为 v）；当透镜在位置 O_2 时，光屏上出现一个缩小的像 $A'B'$（设物距为 u'，像距为 v'）。根据透镜的成像公式，在 O_1 处有

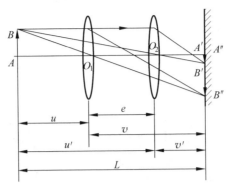

图 5-3-2　二次成像法测焦距的原理示意图

$$\frac{1}{u} + \frac{1}{L-u} = \frac{1}{f} \tag{5-3-1}$$

在 O_2 处有

$$\frac{1}{u'} + \frac{1}{L-u'} = \frac{1}{f} \tag{5-3-2}$$

由光路可逆可知，$u' = L - u = v$，$v' = u$。若将 $O_1 O_2$ 之间的距离设为 e，则式(5-3-2)可写为

$$\frac{1}{u+e} + \frac{1}{L-u-e} = \frac{1}{f} \tag{5-3-3}$$

考虑几何关系，则得

$$u = (L-e)/2 \tag{5-3-4}$$

综上可得

$$f = (L^2 - e^2)/4L \tag{5-3-5}$$

式(5-3-5)表明，只要测出 L 和 e，就可以算出透镜的焦距 f。由于透镜的焦距是通过透镜两次成像而求得的，因此这种方法也称为两次成像法、物像共轭法或贝塞尔法。两次成像法可以避免直接测量物距和像距时，由于估计透镜光心位置不准确所带来的误差，因此这种方法测出的焦距一般较为准确。

2. 望远镜的工作原理

伽利略望远镜和开普勒望远镜是最简单、最常用的望远镜。下面以后者为例介绍望远镜的工作原理。开普勒望远镜是由两个会聚透镜——目镜和物镜组成的。其中，物镜的焦距很长，而目镜的焦距很短，且两者的一对焦点接近重合（Δ 表示物镜和目镜焦点之间的间距，称为光学距离，在望远镜结构中，一般 Δ 很小）。望远镜的成像原理如图 5-3-3 所示。图中，L_o 为物镜（焦点为 F_o），L_e 为目镜（焦点为 F_e）。

无穷远处的物体 y（图 5-3-3 中未画出）上一点发出的光（可视为平行光）经物镜 L_o 后成实像 y' 于其焦平面上（物镜焦点 F_o 位于目镜焦点 F_e 内）。分划板 P 恰好也位于物镜焦平面上，故 y' 恰好与分划板 P 重合。然后调节目镜 L_e 使得能看清分划板 P，当看清分划板上的刻线（图 5-3-4 为分划板上的刻线示意图）时，也就看清了实像 y'。此实像在目镜 L_e 的焦点内，故目镜可以起到放大镜的作用。经过目镜放大，结果在人眼的明视距离 D 上（一般取为 25 cm)得到一个放大的虚像 y''。分划板 P 同时也成放大的虚像，该虚像与 y'' 共面重合。由此可见，人眼通过望远镜观察物体，相当于将远处的物体拉到了近处观察，即起到了视角放大的作用。

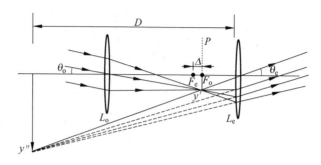

图 5-3-3 望远镜光路图

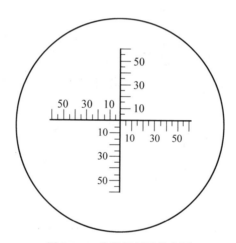

图 5-3-4 分划板刻线分布图

3. 望远镜的放大率

望远镜是利用凸透镜的放大成像原理，将远处人眼不能看清的物体放大到人眼能看清和观察的尺寸。望远镜的放大本领用角放大率（也称视角放大率）来描述，其定义为

$$\gamma = \frac{\tan\theta_e}{\tan\theta_o} = \frac{y'/F_e}{y''/D} \approx \frac{F_o}{F_e} \tag{5-3-6}$$

由此可见，望远镜的放大率 γ 等于物镜和目镜焦距之比。若要提高望远镜的放大率，可增大物镜的焦距或减小目镜的焦距。

望远镜的分辨本领用最小分辨角 $\delta\theta$ 来表示。由光的衍射理论可知，

$$\delta\theta = 1.22\frac{\lambda}{D} \tag{5-3-7}$$

式中，λ 为照明光源的波长；D 为望远镜物镜的孔径。角度的单位是弧度。如果两个物点对望远镜物镜的张角小于理论值，则望远镜将无法分辨它们是两个物体（即两个物体重叠成一个像）。

【实验器材】

1. 器材名称

凸透镜焦距测量装置图如图 5-3-5 所示（说明：若有必要，可按需调整），由白光源 S、开镂空"十"字的物屏 P、凸透镜 L、平面镜 M、观察屏 E、光学平台和若干个通用三维调节架组成。

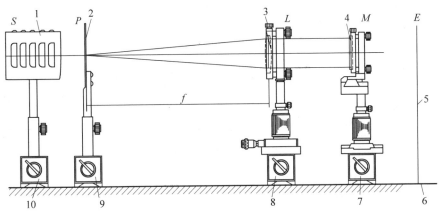

图 5-3-5　凸透镜焦距测量装置图

1—白光源；2—物屏；3—凸透镜；4—平面镜；5—观察屏；6—光学平台；7～10—通用三维调节架

2. 器材介绍

1）光学平台

光学实验需要一个稳定的工作平台，称为光学平台或光学面包板，其外观如图 5-3-6 所示。标准光学平台基本组件包括：①顶板；②底板；③表面处理过的侧面；④侧面板；⑤蜂窝芯等，如图 5-3-7 所示。

图 5-3-6　光学平台外观图

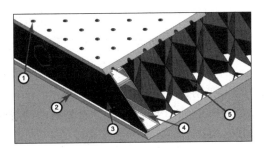

图 5-3-7　光学平台/光学面包板截面图

水平对光学平台是非常重要的，因此在加工的时候整个台面是极平的。之后台面置放于四个联通的气囊上，以保证台面水平。台面上布满呈正方形排列的工程螺纹孔，用这些孔和相应的螺丝可以固定光学元件。这样，完成光学设备的搭建之后，系统基本不会受外来扰动而产生变化。即使按动台面，它也会因为气囊而自动恢复水平。一般的光学平台都需要采取隔振等措施，保证其不受外界因素干扰，使实验正常进行。

2）凸透镜

凸透镜是根据光的折射原理制成的中央较厚、边缘较薄的透镜。由于其具有会聚光线的作用，故又称为会聚透镜。凸透镜分为双凸、平凸和凹凸（或正弯月形）等类型。未经说明，本书中的凸透镜均指对称的双凸薄透镜。凸透镜可用作放大镜、远视眼镜、摄影机、电影放映机、幻灯机、显微镜、望远镜的透镜(lens)等。下面介绍凸透镜的几个光学参数。

主光轴：通过凸透镜两个球面球心 C_1、C_2 的直线称为凸透镜的主光轴。

光心：凸透镜的中心点 O 是透镜的光心。

焦点：平行于主轴的光线经过凸透镜后会聚于主光轴上一点，这一点即为凸透镜的焦点，常用符号 F 表示。

焦距：焦点 F 到凸透镜光心 O 的距离称为焦距，常用符号 f 表示。

物距：物体到凸透镜光心的距离称为物距，常用符号 u 表示。

像距：物体经凸透镜所成的像到凸透镜光心的距离称为像距，常用符号 v 表示。

3）测微目镜

测微目镜又称为测微头，一般作为光学精密计量仪器——读数显微镜、调焦望远镜、测微平行光管等仪器的附件。有时它也可以单独使用，对微小长度进行测量。它的特点是测量范围较小，而测量精度较高。这里介绍 MCU-15 型测微目镜，其测量范围为 $0\sim8$ mm，精度为 0.01 mm。其外形如图 5-3-8 所示。

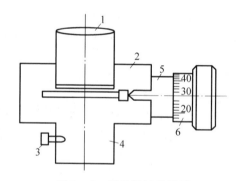

图 5-3-8   测微目镜外形图

1—目镜；2—本体；3—螺丝；4—接头套筒；5—带有指标的不动鼓；6—读数鼓轮

目镜、分划板、读数鼓轮为其最主要的三个部件。在图 5-3-8 中，目镜焦平面附近固定了一块带有刻度的分划板，每个刻度分格为 1 mm（图 5-3-8 中目镜最下端的方形结构即为此分划板，其细节如图 5-3-9(a)所示）。分划板的刻线面朝下，在它下面的间隙（0.05～0.1 mm）范围内，装着刻有十字叉丝和测量准线的下分划板（图 5-3-8 中目镜下方的长条方形结构，其细节如图 5-3-9(b)所示）。转动鼓轮时，可通过鼓轮连接的机械传动装置，带动十字叉丝和测量准线平稳地左右移动。移动距离的毫米数可由分划板上的刻度值读取，小于毫米的部分可由测微鼓轮上的转动格数读取。

为方便理解，图 5-3-9(c)给出了测微目镜中可以看到的分划板图案，包含三部分：叉丝、测量准线（由一组双线组成）和刻度线（分格为 1 mm）。

4）光路实验平台系统

在由两个或两个以上的光学元件组成的光学系统中，为了获得良好的成像质量，同时满足近轴光线的条件，必须进行等高、共轴调整，即使所有光学元件等高，且物面、屏面均垂直于光轴。对光学系统而言，光轴指的是所有光学元件的共同主光轴。若光学系统是安装

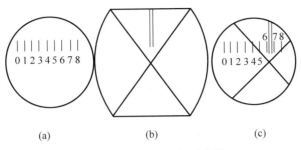

图 5-3-9　分划板面板示意图

在光学导轨上的，则光轴还必须与光学导轨平行。若光学系统是安装在光学平台上的，则必须做到光学系统的光轴和光学平台的某一条基线平行。下面以实验"凸透镜焦距的测定"为例，说明等高、共轴的调整过程。调整一般分为两步。

（1）粗调

粗调也称目测调整。如图 5-3-10 所示，先把物体 P、透镜 L 和像屏 P' 等元件放置在光学平台上，再用 T 型尺依次检查并调整物体、透镜及像屏的中心，使各元件的中心基本等高，且各元件的中心大致都在与光学平台平行的任意一条直线上。

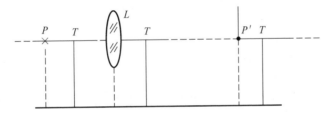

图 5-3-10　物体、透镜和像屏等元件在光学平台上的粗调

（2）细调

细调是指根据成像规律进行调节。若物体和像屏相距较远，则移动透镜时，会有两个不同的位置，在像屏上分别呈现放大和缩小两个实像。若物体的中心处在透镜光轴上，则移动透镜时，两次成像的中心必将重合；若物体的中心偏离光轴，则当透镜移动时，两次成像时的中心不再重合，这时可以根据实像中心的偏移情况来作出判断，并调节光学元件至等高、共轴的状态。

一般的调节方法是：移动透镜，当呈缩小实像时，调节像屏的位置，使实像与屏中心重合；而当呈放大实像时，要调节透镜的高低或左右，使实像再次位于像屏中心。依此原则反复调节，便可以调整至两次成像时实像的中心与像屏中心分别重合的理想状态。

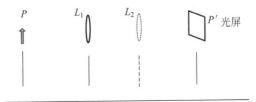

图 5-3-11　物体、透镜和像屏等元件在光学平台上的细调

若想调节物体 P 经两个透镜（透镜 L_1、透镜 L_2）成像于像屏 P'，则需要先调整物体 P、透镜 L_1、像屏 P' 三者等高、共轴，再将透镜 L_2 放置在像屏 P' 前，再调整 L_1、L_2 共轴。调整所有元件再次共轴时需注意，L_2 的高低与左右位置是可以任意调整的，而物体 P、透镜 L_1、像屏 P' 只能调整前后位置，而不能调整其高低。加入更多的透镜 L_3，L_4，…时，调整思路与仅加入透镜 L_2 时相同，即依次加入后续各个透镜，反复调整，即可调至符合要求。

5）光学仪器的保养和维护指南

由于光学仪器一般比较精密，光学元件表面加工（磨平、抛光）也比较精细，有的还镀有膜层，且光学元件主要由透明、易碎的玻璃材料制成，使用时一定要十分小心，不能粗心大意。如果使用和维护不当，很容易造成光学仪器或光学元件损坏。常见损坏的原因如下。

（1）破损

发生磕碰、跌落、震动或挤压等情况，均会造成光学元件的破损，导致光学元件的部分或全部无法使用。

（2）磨损

由于用手和其他粗糙的东西擦拭光学元件的表面，致使光学表面留下擦不掉的划痕。这类磨损一般会严重影响光学仪器的透光能力和成像质量，甚至导致无法进行观察和测量。

（3）污损

如果拿取光学元件不合规范（例如直接用手触摸光学镜片的光学表面），手上的油污、汗渍或其他不洁液体沉淀在元件的表面上时，会使光学仪器表面留下污迹斑痕，对于镀膜的表面，问题将更会严重，若不及时进行清除，将降低光学仪器的透光性能和成像质量。

（4）发霉、生锈

若光学元件长期在空气潮湿、温度变化较大的环境下使用，其表面会沾染霉菌，其金属机械部分也会产生锈斑，使光学仪器失去原来的光洁度，影响仪器的精度、寿命和美观。

（5）腐蚀、脱胶

光学元件表面在受到酸、碱等化学物品的作用时，会发生腐蚀现象。若有苯、乙醚等试剂流到光学元件之间或光学元件与金属的胶合部分，就会使之发生脱胶现象。

一个有实验素养的科学工作者，对待自己使用的仪器是十分爱惜的。只有认真地注意保养和使用，才能得到符合客观实际的实验结果。对于光学仪器和元件，使用和维护时应注意以下事项。

① 在使用仪器前必须认真阅读仪器使用说明书，详细了解所使用的光学仪器的结构、工作原理、使用方法和注意事项，切忌盲目动手进行直接操作。而在使用和搬动光学仪器时，应轻拿轻放、谨慎小心，避免受震、碰撞，更要避免使其跌落地面。光学元件使用完毕，不应随意存放，要做到物归原处。

② 保护好光学元件的光学表面，绝对禁止用手触摸光学表面，只能用手接触经过磨砂的"毛面"、透镜的侧边或棱镜的上下底面等。若发现光学表面有灰尘，可用专用毛笔、镜头纸轻轻擦去，也可用清洁的空气球吹去；如果光学表面有脏物或油污，则应向教师说明，不要私自处理；对于没有镀膜的表面，可在教师的指导下，用干净的脱脂棉花蘸上清洁的溶剂（酒精、乙醚等），仔细地将污渍擦去，不要让溶剂流到元件胶合处，以免其脱胶；对于镀有膜

层的光学元件,则应由指导教师作专门的技术处理。对于光学仪器中的机械部分应注意添加润滑剂,以保持各转动部分灵活自如、平稳连续,并注意防锈,以保持仪器外貌光洁美观。

③ 仪器应放在干燥、空气流通的实验室内,一般要求保持空气相对湿度为 60%～70%,室温变化不能太快和太大,也不应让含有酸性或碱性的气体侵入。

④ 仪器长期不使用时,应将仪器放入带有干燥剂(硅胶)的木箱内,以防止光学元件受潮、发生霉变,并做好定期检查,发现问题及时处理。

【实验内容】

首先请自行确定测量方法,粗略测定透镜的焦距。例如,将光源放置在距离透镜足够远的距离上,直至在像屏上能看到光源清晰、倒立、极小的像,此时的像距近似为透镜焦距 f。

1. 自准直法测透镜的焦距

(1) 调节光学导轨的底脚螺丝,使其处于水平状态。

(2) 将光源、含镂空"+"字的物屏、凸透镜、平面反射镜依次放置在光学导轨上,精细调整各元件,使它们等高、共轴。

(3) 将物屏的"+"字垂直下调至某一高度,并调整其与凸透镜的距离,直至物屏上再次出现"+"字清晰、倒立、等大的像,记录此时物屏、凸透镜在导轨上的位置坐标 a_1,b_1,并计算焦距 $f_1 = |a_1 - b_1|$。

(4) 保持透镜位置恒定,只将透镜绕竖直轴旋转 $180°$,重复步骤(3),记录此时物屏、凸透镜在导轨上的位置坐标 a_2,b_2,并计算焦距 $f_2 = |a_2 - b_2|$。f_1 和 f_2 的平均值即为凸透镜的焦距 f。

(5) 改变物屏的位置 5 次,重复步骤(2)～步骤(4),测出 5 组焦距 f,其平均值即为凸透镜的平均焦距 $\overline{f}$。

2. 两次成像法测薄透镜的焦距

(1) 调节光学导轨的底脚螺丝,使其处于水平状态。

(2) 将光源、含镂空"+"字的物屏、凸透镜、像屏依次放置在光学导轨上,精细调整各元件,使它们等高、共轴。

(3) 调整物屏与像屏的间距 L 使其大于透镜 4 倍焦距,前后移动透镜,直至像屏上呈现"+"字的清晰、倒立、缩小的实像,记录透镜的位置 c_1;保持物屏与像屏间距不变,前后移动透镜,直至观察屏上再次呈现"+"字清晰、倒立、放大的实像,记录透镜的位置 c_2;计算两次成像时透镜间距 $e = |c_1 - c_2|$。

(4) 记录物屏和观察屏的位置坐标 a,b,并求出二者的间距 $L = |a - b|$,利用式(5-3-5)求出透镜的焦距 f'。

(5) 仍保持物屏与观察屏间距 L 大于透镜 4 倍焦距,改变 L 的大小 5 次,重复步骤(2)～步骤(4),测出 5 组焦距 f',其平均值即为透镜的焦距 $\overline{f'}$。

【数据记录与处理】

1. 将利用自准直法所测得的数据填入表 5-3-1,并计算凸透镜焦距 $\overline{f}$。

表 5-3-1　自准直法测透镜的焦距数据记录表　　　　　　　　　　　　　　　mm

次数 i	a_1	b_1	a_2	b_2	$f_1=\|a_1-b_1\|$	$f_2=\|a_2-b_2\|$	$f=\dfrac{f_1+f_2}{2}$	f 的平均值 $\bar{f}$
1								
2								
3								
4								
5								

2. 将利用两次成像法所测得的数据填入表 5-3-2，并计算凸透镜焦距 $\bar{f}'$。

表 5-3-2　　两次成像法测透镜的焦距数据记录表　　　　　　　　　　　　　mm

次数 i	a	b	c_1	c_2	$L=\|a-b\|$	$e=\|c_1-c_2\|$	$f'=\dfrac{L^2-e^2}{4L}$	f' 的平均值 $\bar{f}'$
1								
2							,	
3								
4								
5								

【思考题】

扩束镜也是一类常见的光学透镜，其工作原理是什么？自行设计一款扩束镜，将氦氖激光器的光斑半径扩大为原来的两倍。考虑到氦氖激光器的发散角较小，可直接取发散角为零。

第**6**章

转换法实验

实验 6.1　多普勒效应综合实验

多普勒效应是为了纪念奥地利物理学家及数学家克里斯琴·多普勒而命名的,他于 1842 年首先提出了这一理论。多普勒效应是波源和观察者发生相对运动时,观察者接收到波的频率与波源发出的频率并不相同的现象。当波源与观测者相向运动时,波被压缩,波长变得较短,频率变得较高(蓝移)。当波源与观测者反向运动,产生相反的效应,波长变得较长,频率变得较低(红移)。所有波动现象(包括光波)都存在多普勒效应,波源的速度越高,所产生的效应越大。根据光波红/蓝移的程度,可以计算出波源循着观测方向运动的速度。例如,恒星光谱线的位移显示恒星循着观测方向运动的速度。

【课前预习】

1. 多普勒效应综合实验仪的主要组成部分有哪些?

2. 在利用多普勒效应研究自由落体运动的实验中,使用仪器时有哪些注意事项?

3. 在利用多普勒效应研究简谐振动的实验中,如何确定简谐运动的周期?

4. 了解超声的红外调制与接收。

【实验目的】

1. 验证多普勒效应,并利用多普勒效应公式测量声速。

2. 利用多普勒效应测量物体运动的速率 v,并利用 v-t 关系或有关测量数据研究以下实验。

(1) 自由落体运动,测量重力加速度。

(2) 简谐振动,测量简谐振动的周期等参数。

(3) 其他变速直线运动。

【实验原理】

1. 多普勒效应及利用多普勒效应公式测量声速

根据多普勒效应,当声源与接收器之间发生相对运动时(如图 6-1-1 所示),接收器接收到的声波频率 ν_R 为

$$\nu_R = \frac{u + v_R \cos\theta_R}{u - v_S \cos\theta_S}\nu_S \tag{6-1-1}$$

式中，ν_S 为声源的发射频率；u 为声速；v_R 为接收器的运动速率；θ_R 为接收器运动方向与声源和接收器连线之间的夹角；v_S 为声源的运动速率；θ_S 为声源运动方向与声源和接收器连线之间的夹角。

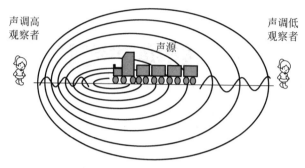

图 6-1-1　多普勒效应示意图

若声源保持不动，固定在运动物体上的接收器沿声源和接收器连线方向以速率 v 运动，则根据式(6-1-1)可得接收器接收到的频率 ν_R 为

$$\nu_R = \frac{u \pm v}{u}\nu_S \tag{6-1-2}$$

其中，当接收器向着声源运动时，取"＋"号，反之取"－"号。

把式(6-1-2)简单整理后可得

$$\nu_R = \nu_S \pm \frac{\nu_S}{u}v \tag{6-1-3}$$

欲验证多普勒效应，由式(6-1-3)可知，在保持声源的发射频率 ν_S 和声速 u 不变的情况下，让物体以不同速率通过光电门，仪器自动记录物体通过光电门时的运动速率 v 和与之对应的接收频率 ν_R；然后可以利用作图法(或最小二乘法)，检验 ν_R 和 v 是否呈线性关系，即可验证多普勒效应。

欲测量声速 u，只需用作图法(或最小二乘法)求出 ν_R-v 关系图的斜率 k 即可。因为 $k = \nu_S/u$(声源与接收器相向运动)，所以由此可计算出声速 $u = \nu_S/k$。

2. 利用多普勒效应测量物体运动的速率

欲利用多普勒效应测量物体运动的速率，可由式(6-1-2)解出

$$v = u\left(\frac{\nu_R}{\nu_S} - 1\right) \tag{6-1-4}$$

若已知声速 u 及声源的发射频率 ν_S，只要测量接收器接收到的频率 ν_R，就可由式(6-1-4)计算出运动物体的速率。

3. 利用多普勒效应研究自由落体运动

自由落体运动满足的方程为

$$\left.\begin{array}{l} v = gt \\ h = gt^2/2 \end{array}\right\} \tag{6-1-5}$$

让带有超声接收器的接收组件自由下落，利用多普勒效应测量物体在运动过程中多个时间点的速率，查看 v-t 关系图和有关测量数据，即可得出物体在运动过程中的速率变化情

况,进而计算出自由落体运动的加速度。

4. 利用多普勒效应研究简谐振动

当质量为 m 的物体受到大小与位移成正比,而方向指向平衡位置的力的作用时,若以物体的运动方向为 x 轴,其运动方程为

$$m\frac{\mathrm{d}^2 x}{\mathrm{d}t^2} = -kx \tag{6-1-6}$$

由式(6-1-6)描述的运动称为简谐振动,当初始条件为 $t=0$, $x=-A_0$, $v=\mathrm{d}x/\mathrm{d}t=0$ 时,方程式(6-1-6)的解为

$$x = -A_0 \cos\omega_0 t \tag{6-1-7}$$

将式(6-1-7)对时间求导,可得速度为

$$v = \omega_0 A_0 \sin\omega_0 t \tag{6-1-8}$$

式中 $\omega_0 = (k/m)^{1/2}$,为振动的固有角频率。由式(6-1-7)和式(6-1-8)可见,物体作简谐振动时,位移和速度都随时间发生周期性变化。

实际测量时,把带有超声接收器的接收组件悬挂在弹簧上,若忽略空气阻力,根据胡克定律,作用力与位移成正比,悬挂在弹簧上的接收组件应作简谐振动,而式(6-1-6)中的 k 即为弹簧的劲度系数。

把接收组件悬挂在弹簧上后,测量弹簧的长度。然后加挂质量为 Δm 的砝码,测量加挂砝码后弹簧的伸长量 Δx,由 Δm 和 Δx 就可计算 k。用天平称量接收组件的质量 m,由 k 和 m 就可计算 ω_0。

让带有超声接收器的接收组件作简谐振动,利用多普勒效应测量物体在运动过程中多个时间点的速率。查阅测量数据,根据两次速率达到最大时的时间间隔,就可实际测量出简谐振动的周期 T。利用关系 $\omega = 2\pi/T$ 可计算出角频率 ω,可与角频率的理论值 ω_0 比较。

【实验方法】

在测量物体的运动速度时,多是对物体的运动时间和位移进行测量。本实验利用多普勒效应把速度的测量转换为频率的测量,在此基础上实现了对自由落体运动和简谐运动的研究。

【实验器材】

多普勒效应综合实验仪,由实验仪、超声发射/接收器、红外发射/接收器、导轨、运动小车、支架、光电门、电磁阀、弹簧、滑轮和砝码等组成。实验仪内置微处理器,带有液晶显示屏,图 6-1-2 为实验仪的面板图。

实验仪采用菜单式操作,显示屏显示菜单及操作提示,由"▲▼◀▶"键选择菜单或修改参数,按"确认"键后仪器执行。可在查询页面,查询到在实验时已保存的实验数据。操作者只须按每个实验的显示屏上提示即可完成操作。

下面介绍实验仪面板上两个指示灯的状态。

(1) 失锁警告指示灯:亮,表示频率失锁,即接收信号较弱,此时不能进行实验,需调整让该指示灯灭;灭,表示频率锁定,即接收信号能够满足实验要求,此时可以进行正常实验。

(2) 充电指示灯:灭,表示正在快速充电;亮(绿色),表示正在涓流充电;亮(黄色),表示已经充满;亮(红色),表示已经充满或充电针未接触。

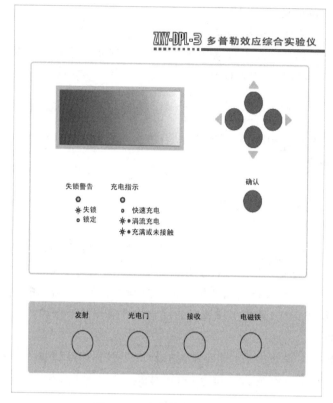

图 6-1-2　多普勒实验仪面板

1. 多普勒效应验证实验及测量小车水平运动

　　仪器安装如图 6-1-3 所示。所有需固定的附件均安装在导轨上，并在两侧的安装槽上固定。调节超声发射器的高度，使其与超声接收器（已固定在小车上）处于同一个轴线上，再调整红外接收器的高度和方向，使其与红外发射器（已固定在小车上）处于同一轴线上。将组件电缆线接入实验仪的对应接口上。安装完毕，通过电磁阀上的连接线给小车上的传感器充电，第一次充电时间约 6～8 s，充满后（实验仪面板充电灯变成黄色或红色）可以持续使用 4～5 min。充电完成后把连接线从小车上取下，以免影响小车运动。

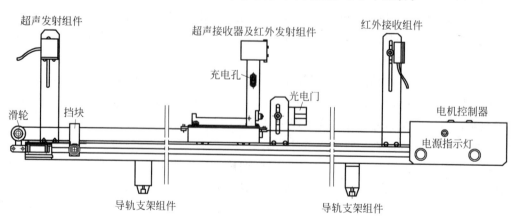

图 6-1-3　多普勒效应验证实验及测量小车水平运动安装示意图

2．利用多普勒效应研究自由落体运动

仪器安装如图 6-1-4 所示。为保证超声发射器与接收器在同一条垂线上，可用水准仪检查导轨底座是否水平，或者用细绳拴住接收器，检查接收器从电磁阀下垂时是否正对发射器；若不水平或者对齐不好，可用底座螺钉加以调节。

充电时，让电磁阀吸住自由落体接收器，并让该接收器上充电部分和电磁阀上的充电针（九爪测试针）接触良好。

充满电后，将接收器脱离充电针，下移吸附在电磁阀上。

3．利用多普勒效应研究简谐振动

仪器的安装如图 6-1-5 所示。将弹簧悬挂于电磁阀下方的挂钩孔中，接收组件的尾翼悬挂在弹簧上。

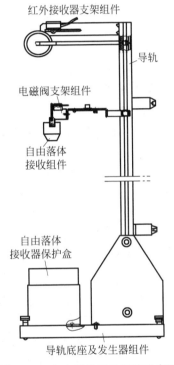

图 6-1-4　自由落体运动安装示意图

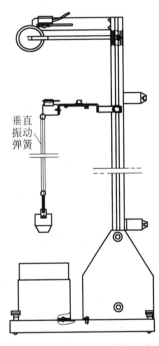

图 6-1-5　垂直谐振子安装示意图

4．超声的红外调制与接收

仪器对接收到的超声信号采用了无线的红外调制-发射-接收方式，即用超声接收器接收到的信号对红外波进行调制后发射，固定在运动导轨一端的红外接收端接收红外信号后，再将超声信号解调出来。由于红外发射/接收的过程中信号的传输是光速，远远大于声速，它引起的多普勒效应可忽略不计。采用此技术无须用导线将超声信号引入运动体，使得测量更可靠，操作更方便。信号的调制-发射-接收-解调，在信号的无线传输过程中是一种常用的技术。

【实验内容】

1．实验仪开机后，首先要求输入室温。

这是因为实验仪用微处理器按式(6-1-4)计算物体运动的速率时要代入声速，而声速是温度的函数。利用"◀"和"▶"键将室温 T 值调到实际值,按"确认"键,然后仪器将自动检测声源发射频率 ν_S,约几秒钟后将自动得到发射频率 ν_S,将此频率 ν_S 记录下来,按"确认"键进行后面的实验内容。

2. 验证多普勒效应,并利用多普勒效应公式测量声速。

(1) 在显示屏上选中"多普勒效应验证实验",并按"确认"键。

(2) 用"▶"键修改测试总次数,通常选 5 次(选择范围为 5～10),按"▼"键,选中"开始测试",但不要按"确认"键。

(3) 用电机控制器上的"变速"按钮选定一个速度。准备好后,按"确认"键,再按电机控制器上的"启动"键,测试开始进行,仪器自动记录小车通过光电门时的平均运动速率 v,以及与之对应的平均接收频率 ν_R。

如果不用电机控制器,要改变小车的运动速率,可以选择采用以下方式。

① 砝码牵引:利用砝码的不同组合实现。

② 用手推动:沿水平方向对小车施以变力,使其通过光电门。

为便于操作,一般由小到大改变小车的运动速率。

(4) 每一次测试完成,都有"存入"或"重测"的提示,可根据实际情况选择,按"确认"键后回到测试状态,并显示测试总次数及已完成的测试次数。

(5) 完成设定的测量次数后,仪器自动存储数据,并显示 ν_R-V 关系图及测量数据。用"▶"键选择"数据",记录测量结果。

注意 (1) 测量前须检查失锁警告指示灯,指示灯灭才可进行实验测量。

(2) 小车速率不可太快,以防小车脱轨跌落而损坏。

3. 利用多普勒效应研究自由落体运动。

(1) 在显示屏上选中"变速运动测量实验",并按"确认"键。

(2) 用"▶"键修改测量点总数,通常选 10 个点(选择范围为 8～150);用"▼"键选择采样步距,通常选 50 ms(选择范围为 10～100 ms),选中"开始测试"。

(3) 准备好后,按"确认"键,电磁阀释放,接收组件自由下落。测量完成后,显示屏上显示速率随时间变化的关系图 v-t,用"▶"键选择"数据",记录测量结果。

(4) 为减小偶然误差,可作多次测量。在结果显示界面中用"▶"键选择"返回",按"确认"键后重新回到测量设置界面。可按以上程序进行新的测量。

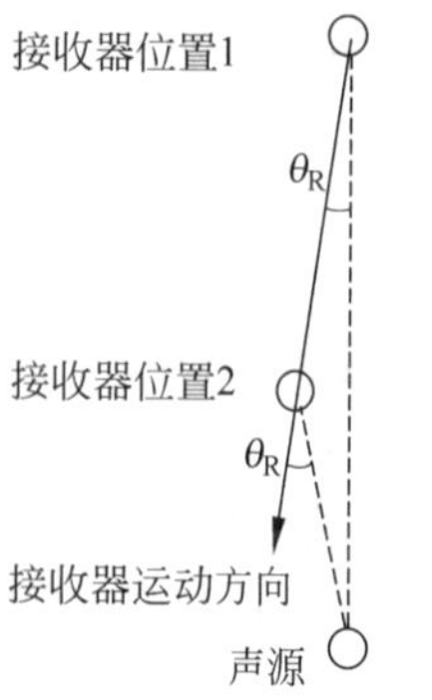

注意 (1) 需将"自由落体接收器保护盒"套于发射器上,避免发射器在非正常操作时受到冲击而损坏;

(2) 接收组件下落时,若其运动方向不是严格的在声源与接收器的连线方向,则 θ_R(接收器运动方向与声源和接收器连线之间的夹角,见图 6-1-6)在运动过程中增加,此时式(6-1-2)不再严格成立,由式(6-1-4)计算出的速率的误差也随之增加。故在数据处理时,可根据实际情况对最后 2 个采样点进行取舍。

4. 利用多普勒效应研究简谐振动。

(1) 在显示屏上选中"变速运动测量实验",并按"确认"键。

(2) 用"▶"键修改测量点总数,通常选 150 个点(选择范围

接收器位置1

θ_R

接收器位置2

θ_R

接收器运动方向

声源

图 6-1-6 运动过程中 θ_R 变化示意图

为 8～150),用"▼"键选择采样步距,通常选 100 ms(选择范围为 50～100 ms),选中"开始测试"。

(3)将接收组件从平衡位置垂直向下拉约 20 cm,松手让接收组件自由振荡,待接收组件开始作简谐振动后,再按"确认"键。实验仪按设置的参数自动采样,测量完成后,显示屏上显示速率随时间变化的关系图 v-t,用"▶"键选择"数据",记录测量结果,只需记录第 1 次速率达到最大时的采样次数 N_{1max} 和第 11 次速率达到最大(注:速度方向一致)时的采样次数 N_{11max}。

(4)在结果显示界面中用"▶"键选择"返回",按"确认"键后重新回到测量设置界面。可按以上程序进行新的测量。

【数据记录与处理】

1. 验证多普勒效应,并利用多普勒效应公式测量声速。

(1)将所测得的数据记录于表 6-1-1 中。

表 6-1-1 多普勒效应的验证与声速的测量 $\nu_S =$ ____ Hz

次数 i	1	2	3	4	5	6
v_i/(m/s)						
ν_{Ri}/Hz						

(2)利用表 6-1-1 中的数据,以 ν_R 为纵坐标,以 v 为横坐标,作 ν_R-v 关系图。如果图像是一条直线,即符合式(6-1-2)所述的规律,就验证了多普勒效应。用最小二乘法处理数据,求出直线的斜率 k。最小二乘法计算 k 值的公式如下:

$$k = \frac{\overline{v_i \cdot \nu_{Ri}} - \overline{v_i} \cdot \overline{\nu_{Ri}}}{\overline{v_i^2} - \overline{v_i}^2} \tag{6-1-9}$$

由斜率 k,求出声速测量值 u。

(3)计算声速的理论值 u_0,并与声速的测量值 u 比较,计算相对误差。声速的理论公式为

$$u_0 = 331.36\sqrt{1 + \frac{t}{273.15}} \tag{6-1-10}$$

其中,t 表示实际室温,单位为℃。

2. 利用多普勒效应研究自由落体运动

(1)将所测得的数据记录于表 6-1-2 中。

表 6-1-2 自由落体运动的测量

测量点数 i	1	2	3	4	5	6	7	8	9	10
t_i/s	0.00	0.05	0.10	0.15	0.20	0.25	0.30	0.35	0.40	0.45
v_i/(m/s)										

注 表中,$t_i = 0.05(i-1)$,t_i 为第 i 次采样与第 1 次采样的时间间隔差,0.05 表示采样步距为 50 ms。如果选择的采样步距为 20 ms,则 t_i 应表示为 $t_i = 0.02(i-1)$,依次类推。

(2)利用表 6-1-2 中的数据,以 v 为纵坐标,以 t 为横坐标,作 v-t 关系图,并求出重力加速度 g。

（3）多次测量求出 g 的平均值，并将测量平均值与理论值 g_0 比较，计算相对误差。

3. 利用多普勒效应研究简谐振动

（1）将所测得的数据记录于表 6-1-3 和表 6-1-4 中，并计算弹簧劲度系数 k。

表 6-1-3　简谐振动的测量

m/kg	$k/(\text{kg/s}^2)$	$\omega_0=(k/m)^{1/2}$ $/(1/\text{s})$	$N_{1\max}$	$N_{11\max}$	$T=0.01(N_{11\max}-N_{1\max})/\text{s}$	$\omega=\dfrac{2\pi}{T}/(1/\text{s})$	相对误差 $(\omega-\omega_0)/\omega_0$

注　m 为接收组件总质量；k 为弹簧劲度系数，为表 6-1-4 中求出的平均值。

表 6-1-4　弹簧劲度系数 k 的测量

次数 i	$\Delta m/\text{kg}$	$\Delta x/\text{m}$	$k/(\text{kg/s}^2)$	k 的平均值
1				
2				
3				

注　$k=\Delta m \cdot g/\Delta x$，单位为 kg/s^2。

（2）利用表 6-1-3 和表 6-1-4 中的数据，求出实际测量的振子的运动周期 T 及角频率 ω，并计算振子的固有角频率 ω_0，计算 ω_0 与 ω 的相对误差。

【思考题】

1. 为什么在使用多普勒效应综合实验仪时，首先要求输入室温？如果输入的室温不准确，会影响哪些实验结果？如何影响？

2. 在研究自由落体运动的实验中，接收组件下落时，若其运动方向不是严格的在声源与接收器的连线方向，会造成怎样的结果？

3. 在研究简谐振动的实验中，如何计算简谐振动的周期？理论依据是什么？

【实验拓展】

多普勒效应在科学研究、工程技术、交通管理和医疗诊断等各方面都有十分广泛的应用。例如，原子、分子和离子由于热运动使其发射和吸收的光谱线变宽，称为多普勒增宽，在天体物理和受控热核聚变实验装置中，光谱线的多普勒增宽已成为一种分析恒星大气及等离子体物理状态的重要测量和诊断手段。基于多普勒效应原理的雷达系统已广泛应用于导弹、卫星和车辆等运动目标的速度监测。医学上利用超声波的多普勒效应来检查人体内脏的活动情况和血液的流速等。

实验 6.2　利用超声测声速

声波是在弹性介质中传播的一种机械波。振动频率在 20 Hz～20 kHz 的声波可以被人们听到，称为可闻声波；频率低于 20 Hz 的声波称为次声波；频率超过 20 kHz 的声波称为超声波。超声波一般由具有磁致伸缩或压电效应的晶体的振动产生。

对声波特性的测量（如频率、波速、波长、声压衰减、相位等）是声学应用技术中的一个很重要内容，特别是对声波波速（简称声速）的测量，在声波定位、探伤、测距等应用中具有重要的意义。

【课前预习】

1. 示波器在使用过程中,如果观测波形幅度超出了屏幕范围,该如何解决?如果波形不稳定,又如何解决?

2. 利用相位法测量声速时,如何调节示波器方能得到李萨如图形?

3. 驻波的合成原理。

【实验目的】

1. 学会用不同方法测量声速。

2. 学会示波器的使用。

3. 巩固用逐差法处理数据的方法。

4. 了解压电换能器的功能,熟悉示波器的使用。

【实验原理】

由于超声波具有波长短、易于定向发射等优点,所以在声速测量实验中一般采用超声波段进行声速测量。超声波的发射和接收一般通过电磁振动与机械振动的相互转换来实现,最常见的是利用压电效应或磁致伸缩效应。本实验采用压电陶瓷换能器(压电陶瓷片)作为声波的发射器和接收器。压电陶瓷换能器根据它的工作方式,分为纵向(振动)换能器、径向(振动)换能器及弯曲振动换能器。本次实验采用纵向换能器,图 6-2-1 为纵向换能器的结构简图。

声速的测量方法可分为两类,它们的表达式分别如下:

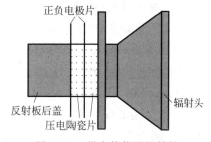

图 6-2-1 纵向换能器的结构

$$\begin{cases} u = L/t & (6\text{-}2\text{-}1) \\ u = f\lambda & (6\text{-}2\text{-}2) \end{cases}$$

其中,由式(6-2-1)可知,只要测量出距离 L 和时间间隔 t,即可算出声速 u,本次实验采用的时差法就属于这一类;由式(6-2-2)可知,只要测出频率 f 和波长 λ,即可算出声速 u,本次实验采用的共振干涉法和相位比较法均属于此类方法。频率 f 可通过频率计测得,本实验的主要任务是测出声波波长 λ,由声波的传播速度 u 与其频率 f 和波长 λ 的关系式 $u = f\lambda$ 即可求出声速 u。

假设在无限声场中,如图 6-2-2 所示,仅有一个点声源 S_1(发射换能器)和一个接收平面(接收换能器 S_2),且 S_1 与 S_2 的表面互相平行。当点声源发出声波后,在此声场中只有一个反射面(即接收换能器平面),并且只产生一次反射。

图 6-2-2 超声测声速实验装置图

在上述假设条件下,发射波 $\xi_1 = A_1\cos(\omega t + 2\pi x/\lambda)$,在 S_2 处产生反射,反射波 $\xi_2 = A_2\cos(\omega t - 2\pi x/\lambda)$,信号相位与 ξ_1 相反,幅度 $A_2 < A_1$。ξ_1 与 ξ_2 在反射平面相干叠加,合成波束 ξ_3,则

$$\xi_3 = \xi_1 + \xi_2 = A_1\cos(\omega t + 2\pi x/\lambda) + A_2\cos(\omega t - 2\pi x/\lambda)$$

$$= A_1\cos(\omega t + 2\pi x/\lambda) + A_1\cos(\omega t - 2\pi x/\lambda) + (A_2 - A_1)\cos(\omega t - 2\pi x/\lambda)$$

$$= 2A_1\cos(2\pi x/\lambda)\cos\omega t + (A_2 - A_1)\cos(\omega t - 2\pi x/\lambda) \tag{6-2-3}$$

由此可见,合成后的波束 ξ_3 在幅度上,具有随 $\cos(2\pi x/\lambda)$ 发生周期变化的特性;在相位上,具有随 $(2\pi x/\lambda)$ 发生周期变化的特性。另外,由于反射波幅度小于合成波幅度,因此合成波的幅度即使在波节处也不为零,而是按 $(A_2 - A_1)\cos(\omega t - 2\pi x/\lambda)$ 周期变化。图 6-2-3 所示的波形显示了叠加后的声波幅度具有随 $\cos(2\pi x/\lambda)$ 发生周期变化的特征。

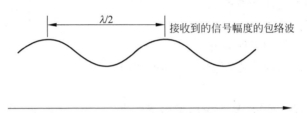

图 6-2-3　换能器间距与合成幅度

1. 共振干涉法（驻波法）测量声速

实验装置如图 6-2-2 所示,S_1 和 S_2 为表面互相平行的两个压电陶瓷换能器。S_1 为声波发射器,当信号源给 S_1 提供频率为数十千赫兹的交流电信号时,由于逆压电效应,S_1 发出一列平面超声波;而 S_2 为声波接收器,由于压电效应,S_2 将接收到的声压转换成电信号;将此信号输入示波器,我们就可看到一组由声压信号产生的正弦波形。由于 S_2 在接收声波的同时,还能反射一部分超声波,接收的声波、发射的声波振幅虽有差异,但二者周期相同且在同一直线上沿相反方向传播,因此,二者在 S_1 和 S_2 之间的区域内产生波的干涉,形成驻波。我们在示波器上观察到的图形,实际上是这两个相干波合成后在 S_2 处的振动情况。移动 S_2,改变 S_1 和 S_2 之间的距离,可以发现,当 S_2 在某些位置时,示波器显示图形的振幅最大。

任何两个相邻的最大振幅位置之间(或两个相邻最小振幅位置之间)的距离均为 $\frac{\lambda}{2}$。缓慢地改变 S_1 和 S_2 之间的距离,示波器上显示波形的幅值就不断地由最大变到最小再变到最大;两个相邻的最大振幅之间的距离为 $\frac{\lambda}{2}$,故 S_2 移动过的距离亦为 $\frac{\lambda}{2}$。由于衍射和其他损耗,实际上各极大值(幅值)随距离增大而逐渐减小。我们只要测出与各极大值对应的接收器 S_2 的位置,就可测出 λ。

2. 相位法测量声速

波是振动状态的传播,也可以说是相位的传播。沿波传播方向的任何两点,当其相位与波源相位间的相位差相同时,这两点间的距离就是波长的整数倍。利用这个原理,可以精确测量波长。实验装置如图 6-2-2 所示,沿波传播方向移动接收器 S_2,总可以找到一点,使接收到信号的相位与发射器发出信号的相位相同;继续移动接收器 S_2,当接收到信号的相位再次与发射器发出信号的相位相同时,移过的这段距离恰好等于超声波的波长。

判断相位差可以利用李萨如图形,如图 6-2-4 所示。由于输入示波器的是两个频率严格一致的信号,因此李萨如图形是稳定的椭圆、圆或直线。当相位差为 0 或 π 时,椭圆变成倾斜的直线。与利用共振干涉法测声速相类似,利用相位法测声速也要测得 20 个(或者 12 个)相应的数值,以便进行数据处理。

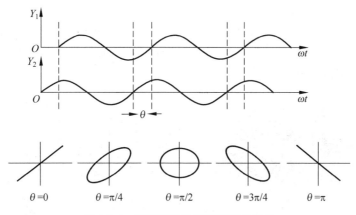

图 6-2-4　用李萨如图形观察相位变化

3. 时差法测量声速

调节信号源使之发出脉冲波(如图 6-2-5 所示),连续波经脉冲调制后由发射换能器发射至被测介质中,声波在介质中传播,经过时间 t 后,到达距离为 L 的接收换能器处。

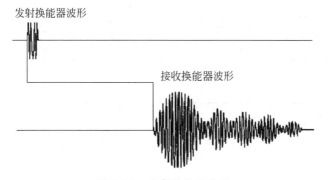

图 6-2-5　发射波与接收波

测出此时两个换能器之间的距离 L 和时间 t,随后改变换能器 S_2 的位置,得到两个换能器之间的距离 L' 和时间 t',则可得出声波在介质中传播的速度为

$$u = \frac{L - L'}{t - t'} = \frac{\Delta L}{\Delta t} \tag{6-2-4}$$

【实验方法】

本实验采用了将非波动量(速度)转换为波动量(声驻波的波长、波传播的相位延迟)的方法来进行实验测量,这种实验测量方法称为转换法。同时,在数据处理时,采用了列表法、逐差法。

【实验器材】

1. 器材名称

超声声速测定仪、声速测试仪信号源、双踪示波器等。

2. 器材介绍

图 6-2-6 为声速测试仪信号源的面板图，该信号源能在连续波和脉冲波两种波形下进行切换，因此可以通过选择脉冲波采用时差法测量声速。图 6-2-7 为声速测试仪测试架外形示意图。本实验需使用双踪示波器观测信号波形，示波器的具体使用请参阅下册"实验 9.1　示波器的原理与使用"。

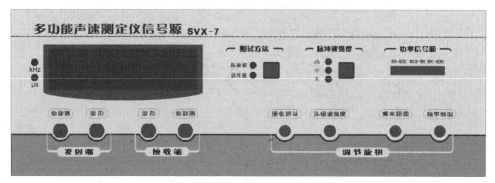

图 6-2-6　SVX-7 型声速测试仪信号源面板

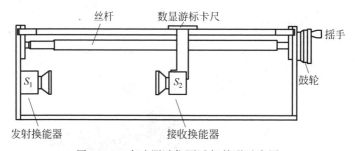

图 6-2-7　声速测试仪测试架外形示意图

1）声速测试仪调节旋钮的作用

（1）频率粗调/频率细调：用于大致/精确调节输出信号的频率。

（2）连续波强度：用于调节输出信号电功率（输出电压），仅连续波有效。

（3）接收增益：用于调节仪器内部的接收增益。

2）数显游标卡尺上的数显表的使用方法及维护

（1）inch/mm 为英制/公制单位转换按钮，测量声速时用"mm"。

（2）"OFF""ON"按钮为电源开关。

（3）"ZERO"为位置置零（读数复位）按钮。

（4）数显表在标尺范围内，接收换能器处于任意位置都可设置"0"位。按"ZERO"置零后，摇动鼓轮，转动丝杆，接收换能器（数显游标卡尺）移动的距离即为数显表头显示的数字。

（5）数显表右下方按"▼"可打开更换表内扣式电池。

（6）使用时,严禁将液体淋到数显表上,如不慎将液体淋入,可用电吹风吹干(电吹风用低档,并保持一定距离,使温度不超过 60℃)。

（7）数显表头与数显杆尺的配合极其精确,应避免剧烈的冲击和重压。

（8）仪器使用完毕,应关掉数显表的电源,以免不必要的电池消耗。

3）声速测试仪使用注意事项

（1）使用时,应避免声速测试仪信号源的功率输出端短路。

（2）测试架体带有有机玻璃,容易破碎,使用时应谨慎,以防发生意外。

（3）数显游标卡尺用后应关闭电源。电池有使用寿命,当数显表不能显示数值时请及时更换电池。

【实验内容】

1. 测定压电陶瓷换能器的谐振频率

（1）按图 6-2-8 连接电路,开机预热 15 min 左右。

（2）调节声速测试仪上的发射强度旋钮,使信号源输出合适的电压;再调整信号频率(25~45 kHz),频率调整时观察示波器 $CH_2(Y_2)$ 通道的电压幅度变化。选择示波器合适的扫描时间和通道增益,并通过调节使示波器显示稳定的接收波形。在某一频率点处,电压幅度明显增大,微调频率,使该电压幅度为极大值,此频率即是压电换能器相匹配的一个谐振工作点,记录频率 f_N。适当改变 S_1 和 S_2 间的距离,重复上述实验过程,再次测量谐振频率,共测 6 次,取平均频率 f。

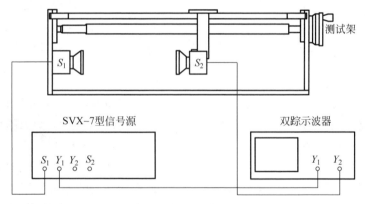

图 6-2-8　驻波法、相位法连线图

2. 共振干涉法测声速

将声速测试仪面板中的测试方法设置为连续波方式,选择合适的发射强度,将频率置于谐振频率。然后通过摇手转动鼓轮以改变接收换能器位置,这时波形的幅度会发生变化,将声波接收器 S_2 由近向远移动,粗略估计 $\frac{\lambda}{2}$ 的值。重新将 S_2 由近向远移动,由数显游标卡尺上读出振动最大时的距离 L_1,再向前或者向后(必须是一个方向)改变距离,当示波器显示波形的幅值先变小再变大直到最大时,记录此时的距离 L_2。重复上述步骤,测 20 组数据(最少测 12 组),并用逐差法处理数据可求得声波波长。同时,记录频率信号发生器的输出频率 f,并利用干湿温度计读取室内空气温度 t 和相对湿度 r。

若测出 20 个极大值的位置，并依次算出每经过 10 个 $\dfrac{\lambda}{2}$ 的距离 ΔL，即

$$\Delta L_{11-1} = L_{11} - L_1 = 10\dfrac{\lambda}{2}$$

$$\Delta L_{12-2} = L_{12} - L_2 = 10\dfrac{\lambda}{2}$$

$$\vdots$$

$$\Delta L_{20-10} = L_{20} - L_{10} = 10\dfrac{\lambda}{2}$$

把等式两边各自相加，得

$$\sum_{i=1}^{10} \Delta L_{(10+i)-i} = 100\dfrac{\lambda}{2}$$

所以

$$\lambda = \dfrac{1}{50}\left(\sum_{i=1}^{10} \Delta L_{(10+i)-i}\right)$$

因此声速的表达式为

$$u = \dfrac{1}{50}\left(\sum_{i=1}^{10} \Delta L_{(10+i)-i}\right)f$$

若测不到 20 个极大值，则可少测几个（一定是偶数）。如测到 12 个极大值，可依次算出每经 6 个 $\dfrac{\lambda}{2}$ 的距离，最后得

$$u = \dfrac{1}{18}\left(\sum_{i=1}^{6} \Delta L_{(6+i)-i}\right)f$$

3. 相位法测声速

将声速测试仪面板上的测试方法设置为连续波方式，选择合适的发射强度，将频率置于谐振频率。将示波器扫描时间旋钮置于"X-Y"方式，示波器显示李萨如图形。由于输入示波器的两个信号的频率严格一致，因此李萨如图形是稳定的圆、椭圆或直线。转动鼓轮移动 S_2，使李萨如图形变为一条具有一定角度的斜线，由数显游标卡尺上读出此时的距离，再向前或者向后（必须是一个方向）移动一定距离，使观察到的波形又回到前面所说的特定角度的斜线，这时接收波的相位变化 2π，接收器移动了一个波长 λ 的距离（亦可使接收波的相位变化为 π）。

重复上述步骤，测出 20 个（或者 12 个）相应的数值，以便进行数据处理。

4. 时差法测量声速

按图 6-2-9 进行线路连接，这时示波器的 Y_1、Y_2 通道分别用于观察发射和接收波形。为了避免连续波可能带来的干扰，可以将连续波频率调离换能器谐振点频率。将面板上的测试方法设置为脉冲波方式，选择合适的脉冲波发射强度。将 S_2 移动到距 S_1 一定距离（$L \geqslant 50$ mm），选择合适的接收增益，使显示的时间的读数稳定。然后记录此时的距离值 L_1 和信号源计时器显示的时间值 t_1，多次移动 S_2 记录测量的距离值 L_i 和显示的时间值 $t_i(i=2,3,4.5,6,7)$，并根据式 $u_i = \dfrac{L_i - L_{i-1}}{t_i - t_{i-1}}$ 计算声速，同时计算平均声速 $\bar{u}$。

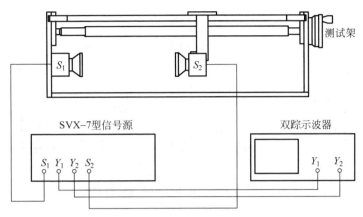

图 6-2-9 时差法测量声速接线图

注意 ① 当距离 $L \leqslant 50$ mm 时,在一定的位置上,示波器上看到的波形可能会产生"拖尾"现象,这时显示的时间值很小。这是由于距离较近时,声波的强度较大,反射波引起的共振在下一个测量周期到来时未能完全衰减而产生的。通过调小接收增益,可去掉"拖尾",在较近的距离范围内也能得到稳定的声速值。

② 由于超声波在空气中的衰减较大,在 S_1 和 S_2 较长距离内测量时,接收波会有明显的衰减,这可能会导致计时器读数不稳定,这时应微调接收增益,使计时器读数在移动 S_2 时连续准确地变化。具体步骤如下:将接收换能器先移至远离发射换能器的一端,并将接收增益调至最大,这时计时器有相应的读数;将接收换能器由远向近移动,这时计时器读数将变小;随着距离的变近,接收波的幅度逐渐变大,如果在某一位置,计时器读数出现跳字,此时微调接收增益旋钮,使计时器的计时读数连续准确地变化,就可准确测得计时值。

5. 固体介质中的声速测量(选做)

在固体介质中传播的声波是很复杂的,它包括纵波、横波、扭转波、弯曲波、表面波等,而且各种波速都与固体棒的形状有关。金属棒一般为各向异性结晶体,沿任何方向都有三种波参与传播,所以本实验采用同样材质和形状的固体棒。

固体介质中的声速测量需另配专用的 SVG 固体测量装置,用时差法进行测量。

实验提供两种测试介质:有机玻璃棒和铝棒。每种材料都有 3 根长度均为 50 mm 的样品,只需将样品组合成两个不同长度的测试样品,并分别读出计时器的读数,即可按下面的公式算出声速:

$$u_i = \frac{L_{i+1} - L_i}{t_{i+1} - t_i}$$

具体的测量步骤如下:首先按图 6-2-10 连接线路,将接收增益调到适当位置(一般为最大位置),以计时器不跳字为宜。然后将发射换能器发射端面朝上竖立放置于托盘上,在换能器端面和固体棒的端面上涂上适量的耦合剂,再把固体棒放在发射面上,使其紧密接触并对准,将接收换能器接收端面放置于固体棒的上端面上并对准,利用接收换能器的自重与固体棒端面接触。这时计时器的读数为 t_1,固体棒的长度为 L_1。最后移开接收换能器,将另一根固体棒端面上涂上适量的耦合剂,置于下面一根固体棒之上,并保持良好接触,再放上接收换能器,这时计时器的读数为 t_2,固体棒的总长度为 L_2。

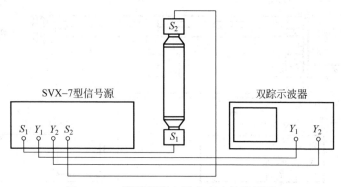

图 6-2-10　测量固体介质中声速的接线图

测量超声波在不同固体介质中传播的平均速度时，只要将不同的介质同时置于两换能器之间就可进行测量。因为固体介质中声速较高、固体棒的长度有限等原因，测量所得结果仅作参考。实验完毕，应关闭仪器的交流电源，并关闭数显游标卡尺的电源，以免耗费电池。

【数据记录与处理】

自拟表格记录所有的实验数据。表格设计要便于用逐差法求相应位置的差值和计算 v。

逐差法的优点是可以充分利用数据，从而减少随机误差。在连续测量等间隔数据的情形时，若简单地对各次测量值取平均值，则中间各值将全部抵消，只剩始末两个读数，因而与单次测量的效果等价。如在本实验中按以下方法处理数据：

$$\Delta L_{1-0} = L_1 - L_0 = \frac{\lambda_1}{2}$$

$$\Delta L_{2-1} = L_2 - L_1 = \frac{\lambda_2}{2}$$

$$\vdots$$

$$\Delta L_{20-19} = L_{20} - L_{19} = \frac{\lambda_{20}}{2}$$

其平均值为

$$\overline{\Delta L} = \frac{1}{20}(\Delta L_{1-0} + L_{2-1} + \cdots + \Delta L_{20-10}) = \frac{1}{20}(L_{20} - L_0) = \frac{\overline{\lambda}}{2}$$

得到的结果就只与 L_{20}、L_0 两个读数有关，这样就失去了多次测量的优点。

为避免以上情况，一般在连续测量等间隔数据的情形时，常把数据分为两组，两组逐次求差后，再取平均值。这样得到的结果就保持了多次测量的优点。以上处理数据的方法称为逐差法，是实验中处理数据的一种基本方法。但应注意，只有在连续测量的自变量等距变化且相应的两个因变量之差是均匀分布的情况下，才可用逐差法处理数据。所以本实验可用逐差法求

$$\overline{\Delta L} = \frac{1}{10 \times 10} \sum_{i=1}^{10} \Delta L_{(10+i)-i} = \frac{\lambda}{2}$$

（1）测量空气中声速，并用下列校正公式算出空气中声速的理论值 u_s：

$$u_s = 331.36 \sqrt{\left(1 + \frac{t}{T_0}\right)\left(1 + \frac{0.319\,2\,p_w}{p}\right)} \ (\text{m/s}) \tag{6-2-5}$$

式中，$T_0 = 273.15$ K；t 为室内空气温度；p_W 为 $t(℃)$ 时空气的饱和蒸气压，其值由表 6-2-1 可查得，单位为 mmHg；p 为大气压，取 $p = 1.013 \times 10^5$ Pa。

然后，计算出通过共振干涉法、相位法和时差法测量出的 u 以及 $\Delta u = u - u_s$。将实验结果与理论值比较，最后算出百分误差

$$E = \frac{|\Delta u|}{u_s} \times 100\%$$

（2）列表记录用时差法测量有机玻璃棒及铝棒的实验数据并计算 v。计算出声速后，与理论声速传播测量参数进行比较，并计算百分误差。其中，固体中的纵波声速的理论值如下。

铝：$u_{棒} = 5\,150$ m/s，$u_{块} = 6\,300$ m/s。

铜：$u_{棒} = 3\,700$ m/s，$u_{块} = 5\,000$ m/s。

钢：$u_{棒} = 5\,050$ m/s，$u_{块} = 6\,100$ m/s。

玻璃：$u_{棒} = 5\,200$ m/s，$u_{块} = 5\,600$ m/s。

有机玻璃：$u_{棒} = 1\,500 \sim 2\,200$ m/s，$u_{块} = 2\,000 \sim 2\,600$ m/s

以上数据仅供参考。由于介质的成分和温度的不同，实际测得的声速与理论值的偏差可能会较大。

【思考题】

1. 在声速的测量中，共振干涉法、相位法有何异同？

2. 实验时，怎样找到换能器的谐振频率？

3. 什么是逐差法？它的优点是什么？在什么情况下才能使用它？

4. 在实验过程中改变 L 时，压电换能器 S_1 和 S_2 的表面应保持互相平行，为什么？不平行会产生什么问题？

【附录】

干湿温度计

干湿温度计由测量空气"干"和"湿"两根温度计组合而成，并刻有摄氏温标。干温度计直接测出室温下空气的温度。湿温度计的测温球上裹着湿纱布，纱布下端浸泡在水槽中。由于湿纱布上水分蒸发需要吸热，所以湿温度计指示的温度要低于干温度计的示值。干湿两温度计的差值反映了环境空气中的湿度和实际水蒸气压的大小。干湿温度计的使用方法如下。

① 用干温度计直接读出室温下空气的温度 t；

② 记录湿温度计的摄氏温度 t' 及二者之间的差值 $t - t'$；

③ 通过干湿温度计下端的旋钮，将温度计中间顶端的数值调至 $t - t'$；

④ 读出干湿温度计所对应的相对湿度 γ；

⑤ 通过 $p_W\text{-}t$ 的对应表（见表 6-2-1）得出饱和蒸气压 p_W。

附表 6-2-1 干湿球温度计测定空气中饱和水蒸气压

$t/℃$	p_W/mmHg										
	0	1	2	3	4	5	6	7	8	9	10
0	4.6	3.7	2.9	2.1	1.3	0.5					
1	4.9	4.1	3.2	2.4	1.6	0.8					
2	5.3	4.4	3.6	2.7	1.9	1.1	0.3				

续表

$t/^{\circ}\mathrm{C}$	$p_{\mathrm{W}}/\mathrm{mmHg}$										
	0	1	2	3	4	5	6	7	8	9	10
3	5.7	4.8	3.9	3.1	2.2	1.4	0.6				
4	6.1	5.2	4.3	3.4	2.6	1.8	0.9				
5	6.5	5.6	4.7	3.8	2.9	2.1	1.2				
6	7.0	6.0	5.1	4.2	3.3	2.4	1.6				
7	7.5	6.5	5.5	4.6	3.7	2.8	1.9	1.1	0.2		
8	8.0	7.0	6.0	5.0	4.1	3.2	2.3	1.4	0.6		
9	8.6	7.5	6.5	5.5	4.5	3.6	2.7	1.8	0.9		
10	9.2	8.1	7.0	6.0	5.0	4.0	3.1	2.2	1.3		
11	9.8	8.7	7.6	6.5	5.5	4.5	3.5	2.6	1.7		
12	10.5	9.3	8.2	7.1	6.0	5.0	4.0	3.0	2.1	1.2	0.3
13	11.2	10.0	8.8	7.6	6.6	5.5	4.5	3.5	2.5	1.6	0.6
14	12.0	10.8	9.5	8.4	7.2	6.2	5.0	4.0	3.0	2.0	1.1
15	12.8	11.5	10.2	9.1	7.9	6.7	5.5	4.5	3.5	2.5	1.5
16	13.6	12.3	11.0	9.8	8.5	7.3	6.2	5.1	4.0	3.0	2.0
17	14.5	13.1	11.8	10.5	9.2	8.1	6.8	5.7	4.6	3.6	2.5
18	15.5	14.0	12.0	11.3	10.0	8.7	7.5	6.4	5.2	4.1	3.0
19	16.5	15.0	13.5	12.1	10.8	9.4	8.2	6.9	5.8	4.6	3.5
20	17.6	16.1	14.6	13.0	11.6	10.3	8.9	7.6	6.4	5.2	4.1
21	18.7	17.1	15.5	13.0	12.5	11.1	9.7	8.5	7.2	6.0	4.3
22	19.8	18.1	16.5	14.9	13.4	12.0	10.6	9.2	7.9	6.6	5.4
23	21.1	19.3	17.6	16.0	14.4	12.9	11.5	10.1	8.7	7.4	6.1
24	22.4	20.6	18.8	17.2	15.5	14.0	12.4	11.0	9.5	8.2	6.9
25	23.8	21.9	20.1	18.3	16.0	15.0	13.4	11.9	10.4	9.1	7.7
26	25.2	23.3	21.4	19.6	17.8	16.1	14.5	13.0	11.4	9.9	8.5
27	26.8	24.8	22.8	21.0	19.0	17.3	15.6	14.0	12.4	10.9	9.4
28	28.4	26.3	24.2	22.2	20.3	18.5	16.8	15.1	13.4	11.9	10.4
29	30.1	27.9	25.7	23.7	21.7	19.8	18.0	16.3	14.6	13.0	11.4
30	31.9	29.6	27.3	25.3	23.2	21.2	19.3	17.5	15.7	14.0	12.4

实验 6.3　超声检测综合实验

　　超声波是频率高于 20 kHz 的机械波。超声学是声学的一个分支，它主要研究超声的产生方法及其在介质中的传播规律，以及与物质的相互作用。超声学有众多的应用领域，按用途可分为两大类：一类是利用它的能量来改变材料的某些状态，为此需要产生能量比较大的超声波，通常称其为功率超声，如用于超声加湿、超声清洗、超声焊接、超声手术刀、超声马达、声悬浮等；另一类是利用它采集来的信息，获得物质的特性，通常称其为超声检测，如用于超声测距、超声探伤、超声诊断、声呐、超声测量材料特性等。

　　【课前预习】

　　1. 什么是压电效应？

2. 什么是脉冲反射法？什么是时差法？

【实验目的】

1. 了解超声波的产生机理、传播规律等特性。

2. 学习测量液体和固体中的声速。

3. 学习对超声诊断、超声探伤等超声检测项目进行实验模拟。

【实验原理】

产生超声波的方法有很多种，如热学法、力学法、静电法、电磁法、激光法、磁致伸缩法、压电法等，而应用最普遍的是利用了压电效应的压电法。压电效应，是指某些电介质在机械压力作用下发生形变，而使得电介质内的正负电荷中心产生相对位移，从而导致承受正压力的两个表面上分别出现正负极化电荷，并产生电势差。相反地，如果将具有压电效应的电介质置于外电场中，电场会使电介质内的正负电荷中心发生位移，从而导致电介质发生形变，这种由电场作用而产生机械形变的现象，称为逆压电效应。如果对具有压电效应的材料施加交变电压，那么它在交变电场的作用下将发生交替的压缩和拉伸形变，由此产生振动，且振动的频率与所施加的交变电压的频率相同；若所施加的交变电压的频率在超声波频率范围内，则由这样的振动在介质中激发的机械波，即为超声波。本实验所用的超声探头，既能利用逆压电效应发射超声波，又能利用压电效应接收超声波，故称之为可逆探头。

超声波在介质中传播时，其声强会衰减，主要原因有两类：一类是声束本身的扩散，使单位面积中的能量下降；另一类是由于介质的吸收，将声能转化为热能，而使声能减少。超声波在介质中传播时，遇到声阻抗不同的异质界面(如被测物体的边界面或缺陷等)会产生反射和透射。这些现象可以被用来进行超声检测。

实际中，最常用的超声检测方法是脉冲反射法。在检测时，把脉冲振荡器发出的电压加在探头上，探头会发出超声波脉冲，再通过声耦合剂(如甘油或水等)进入介质并在其中传播，遇到异质界面后，部分能量通过反射沿原路径返回探头(超声回波)，探头将其转变为电脉冲，经仪器放大后显示出来。根据超声回波的特性，可测定异质界面的位置和大致尺寸。

欲测定异质界面的位置，需要先测定不同介质中的声速。若探头接收到的超声回波在示波器的时间轴上显示的时间为 t(即超声脉冲被反射以后的接收时间与其被发射的时间之间的时间间隔)，而探头至界面的距离为 L，则在该介质内的声速为

$$u = \frac{L}{t/2}$$

这种测量声速的方法，称为"时差法"。

超声回波的显示方式，主要有幅度调制显示和亮度调制显示，以及两者综合显示。幅度调制显示(A 型)，是指显示幅度和时间的关系，显示屏上的纵坐标和横坐标分别代表回波信号的幅度和回波界面的深度(由回波时间确定)。亮度调制显示，按调制方式的不同分为 B 型、C 型、M 型、P 型等。B 型显示，是指把接收到的回波幅度信号作为调制信号，对显示屏进行亮度调制；显示屏上的纵坐标代表回波界面的深度，横坐标代表声束的扫描方向。这样扫描后显示的二维图像，反映的是介质在一个断面上的声阻抗分布情况。本实验采用的显示方式为 A 型。

模拟医用超声诊断的原理如图 6-3-1 所示。超声波从超声探头发出，先后经过腹壁、脏

器壁。设 t_1、t_2、t_3、t_4 分别为腹壁前表面、腹壁后表面、脏器壁前表面、脏器壁后表面所反射的回波在示波器时间轴上所显示的时间。若已知腹壁中的声速为 u_1，腹腔内的声速为 u_2，脏器壁中的声速为 u_3，则可求得以下参数。

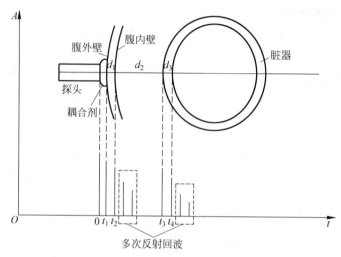

图 6-3-1　A 型超声诊断原理图

（1）腹壁的厚度为

$$d_1 = \frac{u_1(t_2 - t_1)}{2}$$

（2）脏器壁前表面距腹壁后表面的距离为

$$d_2 = \frac{u_2(t_3 - t_2)}{2}$$

（3）脏器壁的厚度为

$$d_3 = \frac{u_3(t_4 - t_3)}{2}$$

　　模拟超声探伤的原理如图 6-3-2 所示。对于有一定厚度的工件来说，若其中存在缺陷，比如一裂隙，则该处就会反射一个缺陷回波。通过该缺陷回波在示波器时间轴上所显示的时间，可以测得该缺陷与工件表面的距离。如果超声探头的中心正对着缺陷的中央，则该缺陷回波的幅度为最大值 A_0；如果超声探头的中心正对着缺陷的边缘，则该缺陷回波的幅度会减半，变为 $A_0/2$。利用这种方法，可以准确测得缺陷的边界位置。

　　图 6-3-2 中(a)、(b)、(c)分别反映了同一超声探头在 a、b、c 三个不同位置时的反射情况。在位置 a 时，超声脉冲被缺陷完全反射，此时缺陷回波的高度为 A_0；在位置 c 时，该处不存在缺陷，只有工件前后两表面反射的回波；而在位置 b 时，由于超声脉冲一半由缺陷反射，一半由工件后表面反射，缺陷回波的高度降为 $A_0/2$，此处即为缺陷的边界，这种确定缺陷边界的方法称为半高波法。若测量出工件的厚度 D，分别记录工件前表面、后表面以及缺陷处回波信号的时间 t_1、t_3、t'，再利用半高波法，就可得到缺陷与工件前表面的距离 d 以及缺陷的边界位置。

　　超声探头本身的频率特征、脉冲信号源的性质、回波的显示方式等，决定了超声探伤具

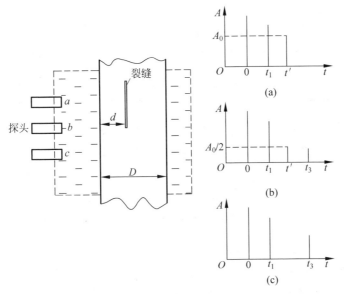

图 6-3-2 超声脉冲反射法探伤原理图

有时间上的分辨率;该分辨率对应在介质中,即为区分距离不同的相邻两缺陷的能力,称为分辨力。能区分的两缺陷距离越小,其分辨力越高。

【实验方法】

本实验利用异质界面反射的超声回波所携带的信息,来探明样品内部的声阻抗和缺陷分布情况,从而完成对样品内部结构的检测。其检测的原理,实际上是把对物体内部结构的测量,转换为利用波动的特性来进行测量,其所用的实验方法,可以归属为转换法中的反射法。本实验还用较简单的实验过程,模拟了实践中较复杂的医用超声诊断和超声探伤过程,让实验者对实际过程有了较直观的体验。这里用到的实验方法,可以归属为物理模拟法。

【实验器材】

本实验所用的实验装置如图 6-3-3 所示,包括:A 型超声诊断与超声特性综合实验仪主机 1 台(中),数字示波器 1 台(左),带导轨和标尺的有机玻璃水箱 1 个(右),主机配置有:2.5 MHz 探头 1 个,样品架 2 个,带标尺的横向导轨 1 个,固定实验样块的横向滑块 1 个,铝合金、冕玻璃、有机玻璃样品各 2 个(长度不同),探伤用实验样块 1 个,分辨力测试实验样块 1 个,Q9 连接线 2 条(其中一条线的接口处有绝缘层保护),游标卡尺 1 把等。

图 6-3-3 A 类超声诊断与超声特性综合实验装置

实验仪主机面板如图 6-3-4 所示。信号幅度用于调节信号幅度；信号输出是信号输出接口，用于连接示波器；超声探头是信号输入/输出接口，用于连接超声探头；电源为电源开关。

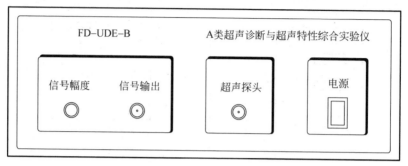

图 6-3-4　A 类超声诊断与超声特性综合实验仪主机面板示意图

实验仪主机内部工作原理如图 6-3-5 所示。主机内部电路发出一个高速高压脉冲至换能器，这是一个幅度呈指数形式减小的脉冲。此脉冲信号有两个用途：一是作为被取样的对象，在幅度尚未变化时被取样处理后输入示波器形成始波脉冲；二是作为超声振动的振动源，即当此脉冲幅度变化到一定程度时，压电晶体将产生谐振，激发出频率等于谐振频率的超声波（本仪器采用的压电晶体的谐振频率是 2.5 MHz）。第一次反射回来的超声波被同一探头接收，此信号经处理后送入示波器形成第一回波。根据不同材料中超声波的衰减程度，以及不同界面超声波的反射率，还可能形成第二回波，甚至多次回波。

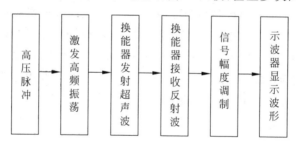

图 6-3-5　主机内部工作原理框图

实验仪器在使用时，要注意以下事项：①超声探头处内有 380 V 高压，请先连线，后开电源，勿擅自插拔超声探头；②水是良好的耦合剂，有机玻璃水箱中的清水高度，须超过超声探头位置 1 cm 左右。

【实验内容】

1. 测量水中的声速

用接口处带有绝缘层保护的 Q9 连接线将超声探头与实验仪主机的"超声探头"接口相连，用另一条 Q9 连接线将实验仪主机的"信号输出"接口与示波器的 CH1 或 CH2 通道相连。

将任意一个样品固定在样品架上，将样品架放置在水箱的导轨上，微调样品架上的两个螺丝使反射信号最大。通过示波器，测出样品第一反射面（样品前表面）的回波时间 t；移动样品架，每隔 2 cm 测一个回波时间 t，共测 12 个数据。

2. 测量固体样品中的声速

将某种材料的样品固定在样品架上，将样品架放置在水箱的导轨上，微调样品架上的两个螺丝使反射信号最大。测出某种材料样品的第一反射面(样品前表面)的回波时间 t_1，第二反射面(样品后表面)的回波时间 t_2。改变样品架在水箱导轨上的位置，分别对几种不同材料的样品进行多次测量，并用游标卡尺测出样品的长度。

3. 医用超声诊断的实验模拟

如图 6-3-6 所示，用较短的有机玻璃样品模拟腹壁，用铝合金样品模拟脏器壁，测出 4 个反射面的回波时间 t_1、t_2、t_3、t_4(结合介质中的声速 u_1、u_2、u_3，可以算出利用超声回波测得的三个长度参数 d_1、d_2、d_3)。读出两个样品架在水箱导轨标尺上的位置 X_1 和 X_2，用游标卡尺分别测出两个样品的长度 d_1 和 d_3。

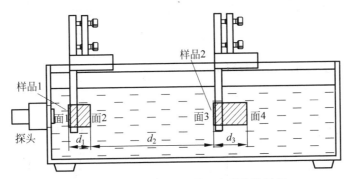

图 6-3-6　超声定位诊断模拟实验的装置图

4. 超声探伤的实验模拟

如图 6-3-7 所示，将横向导轨放置在水箱的导轨上，把固定在横向滑块上的探伤用实验样块(见图 6-3-8)放置在横向导轨上。

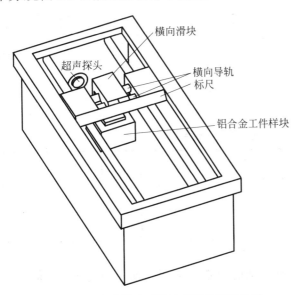

图 6-3-7　超声脉冲反射法探伤实验装置图

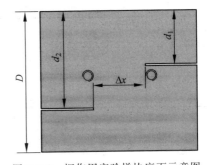

图 6-3-8　探伤用实验样块底面示意图

适当调整实验样块的位置，找到样块前表面和后表面的反射回波，测出它们的时间 t_1 和 t_2；找到缺陷反射的回波，测得缺陷回波的时间 t'。顺着横向导轨的标尺方向移动实验样块，利用半高波法，找到并记录该缺陷的边界位置 x'。本实验样块中有两道细缝（缺陷），需分别测得它们的回波时间 t'_1 和 t'_2，以及边界位置 x'_1 和 x'_2。

用游标卡尺测出实验样块的厚度 D，第一条细缝至样块前表面的距离 d_1，第二条细缝至样块前表面的距离 d_2，以及在垂直于超声波传播方向上两条细缝的边界间的距离 Δx。

5. 分辨力测量（选做）

将横向导轨放置在水箱的导轨上，把固定在横向滑块上的分辨力测量实验样块（铝合金材料制成），放置在横向导轨上，如图 6-3-9 所示。适当调整实验样块的位置，找到样块后表面中间台阶左右不同声程的两个回波信号。用游标卡尺测出距离 d_1、d_2，从示波器上读出两个回波信号的间隔 a 和单个回波信号的宽度 b，代入如下公式：

$$F = (d_2 - d_1)\frac{b}{a}$$

即可计算出仪器对于该种介质的分辨力 F。

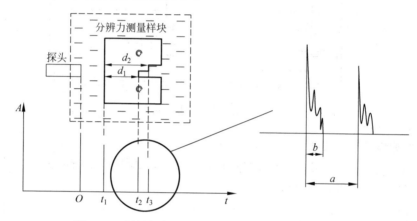

图 6-3-9　测量超声实验仪器对于铝合金材料的分辨力

【数据记录与处理】

1. 测量水中的声速

（1）将所测得的数据填入表 6-3-1 中。

表 6-3-1　实验数据记录参考表

x/cm												
$t/\mu s$												
$\dfrac{t}{2}/\mu s$												

（2）绘制 $x\text{-}\dfrac{t}{2}$ 关系图，拟合得到水中超声波的传播速度，并与水中声速的理论值（水在 20℃时的声速约为 1 482 m/s）相比，计算相对误差。

2. 测量固体样品中的声速

（1）将所测得的数据填入表 6-3-2 中。

表 6-3-2 实验数据记录参考表

样 品	冕 玻 璃		铝 合 金		有 机 玻 璃	
d/cm						
$t_2/\mu\text{s}$						
$t_1/\mu\text{s}$						
$\dfrac{t_2-t_1}{2}/\mu\text{s}$						
$u/(\text{m/s})$						
$\bar{u}/(\text{m/s})$						

(2) 利用样品的长度 d,以及两回波时间差的一半 $(t_2-t_1)/2$,即可算出声速。分别计算冕玻璃、铝合金和有机玻璃样品中的声速平均值。

3. 医用超声诊断的实验模拟

(1) 将所测得的数据填入表 6-3-3 中。

表 6-3-3 实验数据记录参考表

$t_1/\mu\text{s}$	$t_2/\mu\text{s}$	$t_3/\mu\text{s}$	$t_4/\mu\text{s}$	X_1/cm	X_2/cm	d_1/cm	d_3/cm

(2) 利用 4 个反射面的超声回波时间 t_1,t_2,t_3,t_4 和在三种介质中的声速 u_1,u_2,u_3,根据公式 $d_1=u_1(t_2-t_1)/2$,$d_2=u_2(t_3-t_2)/2$ 和 $d_3=u_3(t_4-t_3)/2$ 计算出三个长度参数 d_1,d_2,d_3;并将它们与用游标卡尺和导轨标尺直接测得的三个长度参数 $d_1,d_2(d_2=X_2-X_1-d_1),d_3$ 相比较,计算相对误差。

4. 超声探伤的实验模拟

(1) 将所测得的数据记录于表 6-3-4 中,并根据式 $d_1'=D\cdot\dfrac{t_1'-t_1}{t_2-t_1}$ 和 $d_2'=D\cdot\dfrac{t_2'-t_1}{t_2-t_1}$ 计算 d_1' 和 d_2'。

表 6-3-4 实验数据记录参考表

$t_1/\mu\text{s}$	$t_1'/\mu\text{s}$	$t_2'/\mu\text{s}$	$t_2/\mu\text{s}$	x_1'/cm	x_2'/cm	$\Delta x'/\text{cm}$	d_1'/cm	d_2'/cm

其中,t_1 和 t_2 分别为样块前、后表面的回波时间;t_1' 和 t_2' 分别为样块上两条细缝的回波时间;x_1' 和 x_2' 分别为用"半高波法"测定的两条细缝的边界位置;$\Delta x'=x_2'-x_1'$,为两条细缝边界间的距离;d_1' 和 d_2' 分别为两条细缝至前表面的距离。

(2) 将所测得的样块的数据记录于表 6-3-5 中,并将用超声回波测得的三个量 d_1',d_2',$\Delta x'$,与用游标卡尺直接测得的三个量 $d_1,d_2,\Delta x$ 相比较,计算相对误差,得出必要的结论。

表 6-3-5 实验数据记录参考表

D/cm	$\Delta x/\text{cm}$	d_1/cm	d_2/cm

5. 分辨力测量（选做）

分辨力测量的实验样块是铝合金材料制成的,利用测出的实验数据,计算本实验仪对铝合金材料的分辨力 F。

【思考题】

1. 简述 A 型超声和 B 型超声的异同。

2. 请归纳出本实验中形成多次回波的几种情形,并简述如何区分这些多次回波。

【实验拓展】

在实际中,除了测量物体的界面或缺陷,通过超声检测能测量的物理量还有很多,如浓度、密度、强度、弹性、硬度、黏度、温度、流量、液位等;所用的实验方法,都可以归属为转换法,即把那些描述物质特性的物理量,通过超声波的反射、透射和吸收转换为描述波动特性的物理量。

实验 6.4 等厚干涉

等厚干涉是薄膜干涉的一种,由平行光入射到厚度变化均匀、折射率均匀的薄膜上、下表面而形成的干涉条纹。薄膜厚度相同的地方形成同级干涉条纹。平时看到的油膜或肥皂液膜在白光照射下产生的彩色花纹就是薄膜干涉的结果。牛顿环和劈尖是分振幅法产生的干涉,是等厚干涉中两个典型的干涉现象。

1675 年,牛顿把凸透镜放在平板玻璃上时,发现在其接触处出现一组彩色的同心圆环形条纹,即"牛顿环"。19 世纪初,托马斯·杨利用光的干涉原理解释了牛顿环,并计算了不同颜色光对应的波长和频率。

【课前预习】

1. 什么是等厚干涉?本实验中的相干光是哪两束光?实验中观察的是透射光还是反射光的干涉条纹?

2. 计算牛顿环的相关参数时,是否需要知道确切的条纹级次?为什么要选择远离中心的干涉条纹进行测量?

3. 在牛顿环的测量中,目镜叉丝交点必须通过牛顿环的中心吗?

4. 利用劈尖干涉测量微小厚度的实验中,劈尖的全长指的是什么?需要测量玻璃的长度吗?

5. 调节显微镜时,镜筒应自上而下,还是自下而上移动?测量中,测微鼓轮可以倒转吗?

【实验目的】

1. 观察等厚干涉现象,研究其特点。

2. 学习用干涉法测量透镜的曲率半径和测量微小厚度。

3. 掌握读数显微镜的使用方法。

【实验原理】

利用透明薄膜介质上下两表面对入射光的反射和折射,将入射光的能量分解成若干有一定光程差的相干分量,每个分量的振幅都比原来小,这种获得相干光的方法称为"分振幅法"。如图 6-4-1 所示,当以入射角 i 入射的光分别在薄膜上下两表面相继反射时,所得两束相干光将在空间中相干叠加。在 i 一定时,二者的光程差仅取决于薄膜的厚度和折射率,这种干涉现象称为等厚干涉。

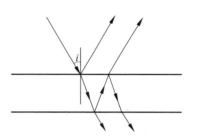

图 6-4-1 等厚干涉光路图

1. 用牛顿环测平凸透镜的曲率半径

如图 6-4-2 所示,将一块曲率半径较大的平凸透镜的凸面置于一个光学玻璃平板上,在凸面与平板之间形成一层空气薄膜,其厚度从中心的接触点向边缘逐渐增加。当以平行单色光垂直入射时,在薄膜上下表面反射的双束光可干涉形成一系列明暗交替的同心圆环——牛顿环。

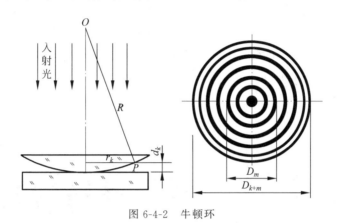

图 6-4-2 牛顿环

由光路分析可知,与第 k 级干涉条纹对应的两束相干光的光程差为(考虑到半波损失)

$$\delta = 2d_k + \lambda/2 \tag{6-4-1}$$

由几何分析知,

$$r_k^2 = R^2 - (R - d_k)^2 = 2d_k R - d_k^2 \tag{6-4-2}$$

若薄膜厚度 d_k 远小于曲率半径 R,则可略去 d_k^2,则得

$$2d_k = r_k^2/R \tag{6-4-3}$$

由干涉条件可知,当 $\delta = k\lambda + \lambda/2$ 时,为干涉暗环,故得

$$r_k^2 = kR\lambda, \quad k = 0,1,2,\cdots \tag{6-4-4}$$

或

$$R = r_k^2/k\lambda, \quad k = 0,1,2,\cdots \tag{6-4-5}$$

若入射光是已知波长的单色光,测出 k 级暗环的半径 r_k,则可算出曲率半径 R。当然,若已知曲率半径 R,也可由式(6-4-4)(或式(6-4-5))求出单色光的波长。

由于 k 与 r_k^2 成正比,故相邻暗环的间距随 k 的增加而减少,即 k 值越大(即厚度越大),牛顿环越细密(内疏外密)。

实际上,观察牛顿环图样会发现,牛顿环的中心不一定是一个暗斑,常常是一个不清晰的、不规则的或暗或亮的光斑。这是因为两表面间可能夹有微小的灰尘颗粒,"接触点"处实际上有间隙,故此处 $d_0 \neq 0$,因此也难以确定其他干涉圆环的级次 k。此外,透镜凸面与平玻璃板相接触时会给彼此施加压力,从而引起一定的表面形变,导致圆环中心难以找准,故式(6-4-5)中的 r_k 实际上是难以测出的，不能直接按式(6-4-5)计算。

由于以上原因，因此在实际测量中常常将式(6-4-5)改写为

$$R = (r_m^2 - r_n^2)/(m-n)\lambda = (D_m^2 - D_n^2)/4(m-n)\lambda = x_m/[4(m-n)\lambda] \qquad (6\text{-}4\text{-}6)$$

其中，D_m 和 D_n 为 m 和 n 级暗纹的直径。这样，只要算出所测各环的级次之差即可，而无须知道确切的级次值。而且易证，任一条直线在两个同心圆环上所截得的两个弦长的平方差总等于两圆直径的平方差，因此就不必确定圆的中心，只需用长度与直径接近的干涉环的弦长代替真正的直径即可，另外还要注意选择远离圆心的干涉环进行测量。这样就回避了上述的测量困难和可能引起的误差。

2. 劈尖

将两块光学平板玻璃叠在一起，一端插入薄纸片或细丝（厚度为 H），则在两玻璃间形成一个空气劈尖。两玻璃的交线称为棱边，平行于棱边的直线处空气薄膜厚度相等。当单色光垂直照射时，在劈尖上下表面反射的两束光发生干涉，形成一组与棱边平行且等间距的明暗相间直条纹，如图 6-4-3 所示。

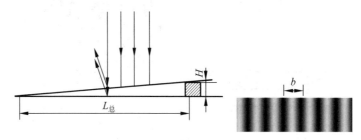

图 6-4-3　劈尖干涉

在空气薄膜厚度为 e 处的光程差为

$$\delta = 2e + \frac{\lambda}{2} \qquad (6\text{-}4\text{-}7)$$

由暗纹条件，第 k 级暗纹处满足条件：

$$\delta = 2e_k + \frac{\lambda}{2} = (2k+1)\frac{\lambda}{2}, \quad k = 0,1,2,\cdots \qquad (6\text{-}4\text{-}8)$$

因此，第 k 级暗纹处空气薄膜厚度 e_k 为

$$e_k = \frac{1}{2}k\lambda \qquad (6\text{-}4\text{-}9)$$

则任意两条相邻暗条纹所对应的劈尖空气薄膜厚度差为

$$\Delta e = e_{k+1} - e_k = \frac{k+1}{2}\lambda - \frac{k}{2}\lambda = \frac{\lambda}{2} \qquad (6\text{-}4\text{-}10)$$

由相似三角形可得 $\dfrac{H}{\Delta e} = \dfrac{L_{总}}{b}$，即

$$H = \frac{L_{总}}{b}\Delta e = \frac{\lambda}{2b}L_{总} \qquad (6\text{-}4\text{-}11)$$

式中，b 为相邻暗纹间距。

实验时，为使得测量更准确，往往不是测量两条相邻条纹的间距，而是测量相差 N 级

(如 30 级)的两条暗纹的间距,即

$$H = \frac{\lambda}{2b}L_总 = \frac{\lambda N}{2L_N}L_总 = 15\lambda\frac{L_总}{L_{30}}$$ （6-4-12）

由式(6-4-12)可知,只要测出劈尖的全长 $L_总$ 和 30 个条纹的条纹间距 L_{30},就可求出微小厚度 H。

【实验方法】

本实验将测量非波动量(平凸透镜曲率半径和薄纸片厚度)转换为间接测量波动量(等厚干涉的条纹数和条纹间距),属于转换法。

【实验器材】

读数显微镜(分度值 0.01 mm),钠光灯($\lambda = 589.3$ nm),牛顿环,劈尖等。读数显微镜的结构如图 6-4-4 所示。

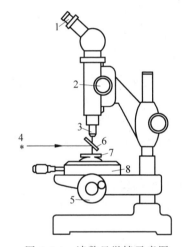

图 6-4-4　读数显微镜示意图

1—目镜;2—调焦手轮;3—物镜;4—钠灯;5—测微鼓轮;6—半反射镜;7—牛顿环;8—载物台

【实验内容】

1. 用牛顿环测平凸透镜的曲率半径

1) 在显微镜视场中观察牛顿环

(1) 打开钠灯电源,预热几分钟后,钠灯将发出明亮而又稳定的黄光。

(2) 转动测微鼓轮使显微镜筒位于标尺中央位置。

(3) 调节目镜调焦手轮,使分划板上的十字叉丝成像清晰。

(4) 调节半反射镜的角度(约成 45°倾角),使得显微镜目镜的视场中均匀充满黄光,且亮度最大。

(5) 将牛顿环装置放置在显微镜载物台上,使目镜观察到的干涉圆环中心大致位于视场中央。

(6) 调节物镜调焦手轮,使镜筒自下向上移动(以免物镜与被测物相碰),直至干涉条纹最清晰,且它们与叉丝之间无视差为止。

(7) 转动显微镜的读数鼓轮,使载物台与牛顿环装置一起平移,以观察干涉条纹全貌,并比较中心部分和边缘部分的清晰度,若不够清晰,则需再次细微调焦,直至条纹最清晰为止。

2）测量牛顿环的直径（实际为靠近圆心的弦长）

（1）移动牛顿环装置，使其中心与十字叉丝交点大致重合。

（2）转动测微鼓轮，使条纹相对于显微镜的叉丝交点向左（或向右）移动，同时数出移过叉丝交点的暗环的级数 m（可设中央暗斑附近的第一个暗环的级次为 $m=1$，向外依次为 $m=2,3,4,\cdots$），直到移过 $m=35$ 时，使条纹反向移动，叉丝交点分别对准 $m=30,29,\cdots,26$ 以及 $n=20,19,\cdots,16$ 级暗环时，依次记下显微镜上相应的位置读数。然后继续移动牛顿环，当其另一侧 $n=16,17,\cdots,20$ 以及 $m=26,27,\cdots,30$ 级暗环分别对准叉丝交点时，再依次记下相应的位置读数。

注意　当移至待测暗环（级次 $m=30$）时，一定要继续移动几个暗环的距离，然后再反向移动，以消除反向过程中因测微螺旋间未严格啮合而发生"空转"所导致的所谓"回程误差"（又称"螺距差"）。同样地，在测量各暗环位置读数时，只可沿同一个方向转动读数鼓轮，不可朝不同方向反复转动，以免产生"回程误差"。

2. 利用劈尖干涉测量微小厚度 e

（1）将夹有薄纸片的劈尖置于载物台上，调节方法与前面相同，直至观察到清晰的干涉条纹。

（2）轻缓移动劈尖在载物台上的位置，使干涉条纹与十字叉丝的纵线平行。

（3）当十字叉丝的纵线与某级暗纹重合时记录位置读数 x_k，再分别记录间隔 30 个条纹的位置读数 x_{k+30}，共测量 3 次。

（4）测量劈尖起始位置 $x_{始}$ 和末端位置 $x_{末}$，计算劈尖总长 $L_{总}$。

（5）利用所测得的数据根据式（6-4-12）计算微小厚度 e。

【数据记录与处理】

1. 用牛顿环测平凸透镜的曲率半径

（1）将干涉条纹测量数据记入表 6-4-1。

表 6-4-1　牛顿环测量数据

暗环级数 m	左侧读数 /mm	右侧读数 /mm	弦长 D_m/mm	暗环级数 n	左侧读数 /mm	右侧读数 /mm	弦长 D_n /mm	$x_m=D_m^2-D_n^2$/mm
30				20				
29				19				
28				18				
27				17				
26				16				

（2）根据式（6-4-6）用逐差法计算平凸透镜的曲率半径 R。本实验实际取了 $m-n=10$，其中 $x_m=D_m^2-D_n^2$ 在理论上应为常数，在此要求下取 5 个 x_m 的平均值 $\bar{x}_m$ 算出 R 值。

（3）利用不确定度传递公式算出 R 的不确定度 $u_c(R)$。因干涉条纹的锐度较低，故叉丝交点在对准某一暗纹时不太准确，会给条纹级次的值带来误差，可取扩展不确定度为 $\Delta(m-n)=0.2$（对劈尖测量亦然）。

（4）写出测量平凸透镜的曲率半径 R 的完整表达式。

2. 利用劈尖干涉测量微小厚度 e

(1) 将劈尖干涉测量数据记入表 6-4-2。

表 6-4-2　劈尖干涉测量数据

次数 i	x_k/mm	x_{k+30}/mm	L_{30}/mm	$x_{始}$/mm	$x_{末}$/mm	$L_{总}$/mm
1						
2						
3						

(2) 利用表 6-4-2 中的数据根据式(6-4-12)计算纸片厚度 e。

(3) 利用不确定度传递公式计算 e 的不确定度 $u_c(e)$。

(4) 写出测量微小厚度 e 的完整表达式。

注　在测量劈尖总长(即两个位置读数的差值)时,所对应的仪器误差限可取 $\Delta_{仪} = 0.010$ mm。

【注意事项】

1. 钠灯点燃后,应在实验完成后再关电源;不要随易开关,以免钠灯烧毁。

2. 牛顿环装置上的三个螺钉用于调节透镜和平玻璃板之间的接触,以改变干涉条纹的形状和位置。调节螺钉时,不可旋得过紧,以免损坏透镜。

3. 计算牛顿环平凸透镜的曲率半径 R 时,只需知道干涉条纹直径之差,故将哪一个条纹作为第 1 级条纹可以任意选择,但一经选定,在测量过程中就不能再改变。

【思考题】

1. 试比较牛顿环和劈尖干涉条纹的异同。若用白光照射,能否看到牛顿环和劈尖的干涉条纹? 各有何特点?

2. 观察牛顿环干涉条纹时,透射光的干涉条纹是如何形成的?用本实验所提供的仪器如何观测?它与反射光的牛顿环在明暗上有何关系?

3. 用读数显微镜观测牛顿环的直径时,为什么不能选择离圆心较近的干涉环进行测量?

4. 实验中观察到劈尖棱边处是暗纹还是亮纹? 为什么?

5. 在劈尖中,如果平面有微小的凹凸,则干涉条纹如何畸变?

【实验拓展】

光的干涉是重要的光学现象之一。在科研、生产实践和生活中,光的等厚干涉有着广泛的应用。

应用劈尖干涉法可以检测待测平面的平整度,由于光滑平面同一条纹下的空气薄膜厚度相同,干涉条纹是平行于棱的直条纹,而当待测平面不平整时,则会出现弯曲条纹,利用此原理可检测待测平面的平整度。另外,利用劈尖干涉法也可测量样品的热膨胀系数。

同样,用标准玻璃片和待测平凸透镜组成牛顿环进行干涉,通过观察所得干涉图样是否为圆形,也可来判断球面的光滑度。

在照相机、显微镜、望远镜等现代光学仪器中,都有许多个镜面,由于入射光被镜面反射而不能完全进入光学系统内部,造成严重的光能损失,为了减少这种损失,常在镜面上镀一层厚度为 $\lambda/4n$ 的均匀透明薄膜,如氟化镁薄膜,它的折射率 n 介于玻璃和空气之间,可使入射到镜面的单色光在膜的两个表面的反射光因干涉而相消,于是这种单色光就几乎完全不发生反射而透过薄膜,因此将这种使透射光增强的薄膜称为增透膜。

实验 6.5　双光栅微弱振动测量

双光栅测量微弱振动是将光栅衍射原理、多普勒频移原理以及光拍测量技术等结合在一起,把机械位移信号转化为光电信号测量微弱振动振幅的一个实验。这种测试方法在精密定位、测微小质量、弹性模量、测速等方面有着广泛的应用。本实验利用光拍信号来测量微振幅(位移),可以使学生对双光栅的应用有一初步的认识。

【课前预习】

1. 什么叫多普勒效应?

2. 光拍是怎么形成的?

【实验目的】

1. 熟悉一种利用光的多普勒频移形成光拍的原理,精确测量微弱振动位移的方法。

2. 学习测量音叉振动的微振幅,作出外力驱动音叉时的谐振曲线。

【实验原理】

1. 相位光栅的多普勒频移

当激光平面波垂直入射到相位光栅上时,由于相位光栅上不同的光密和光疏介质部分对光波的相位延迟作用,使入射的平面波变成出射时的摺曲波阵面,如图 6-5-1 所示。由于衍射与干涉作用,在远场满足光栅方程

$$d\sin\theta = n\lambda \tag{6-5-1}$$

式中,d 为光栅常量,θ 为衍射角,λ 为光波波长。

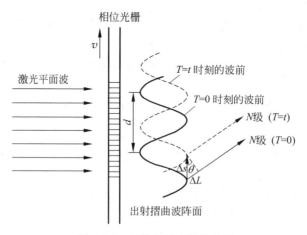

图 6-5-1　相位光栅多普勒效应

如果光栅在竖直方向上以速度 v 移动,则出射波阵面也以速度 v 在此方向移动,在不同时刻,对应于同一级的衍射光线,它的波阵面上的出发点在此方向有一个 vt 的位移量,这个位移量相应于光波相位的变化量为 $\Delta\varphi(t)$,即

$$\Delta\varphi(t) = \frac{2\pi}{\lambda}\Delta s = \frac{2\pi}{\lambda}vt\sin\theta \tag{6-5-2}$$

将式(6-5-1)代入式(6-5-2),得

$$\Delta\varphi(t) = \frac{2\pi}{\lambda}vt\,\frac{n\lambda}{d} = n2\pi\,\frac{v}{d}t = n\omega_d t \tag{6-5-3}$$

式中,$\omega_d = 2\pi\dfrac{v}{d}$。

现把光波写成如下形式:

$$E = E_0\exp[\mathrm{i}(\omega_0 t + \Delta\varphi(t))] = E_0\exp[\mathrm{i}(\omega_0 + n\omega_d)t] = E_0\exp(\mathrm{i}\omega_a)t \tag{6-5-4}$$

其中,$\omega_a = \omega_0 + n\omega d$。显然,移动的相位光栅的 n 级衍射光波,相对于静止的相位光栅有一个 ω_a 的多普勒频移,如图 6-5-2 所示。

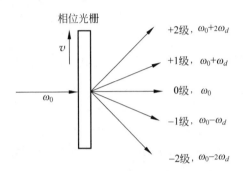

图 6-5-2　衍射光波的多普勒频移

2. 光拍的获得与检测

光频率甚高,一般探测器或示波器不能直接观测。为了要从光频 ω_0 中检测出多普勒频移量,必须采用"拍"的方法。即要把已频移的和未频移的光束互相平行叠加,以形成光拍。本实验形成光拍的方法是将两片完全相同的光栅平行紧贴,一片光栅 B 静止,另一片光栅 A 相对移动。激光通过双光栅后所形成的衍射光,即为以上两种光束的平行叠加。如图 6-5-3 所示,光栅 A 按速度 v_A 移动起频移作用,在 I 区激光经过动光栅发生多普勒频

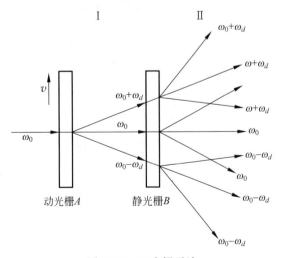

图 6-5-3　双光栅干涉

移；而光栅 B 静止不动只起衍射作用,故在Ⅱ区通过双光栅后出射的衍射光包含了两种以上不同频率而又平行的光束。由于双光栅紧贴音叉且刻痕平行,且激光束具有一定宽度,故该光束能平行叠加,这样就直接而又简单地形成了光拍。

当此光拍信号进入光电检测器,由于检测器具有平方律检波性质,因此其输出光电流可由下列关系求得。

对于光束 1,有

$$E_1 = E_{10}\cos(\omega_0 t + \varphi_1)$$

而对于光束 2,有

$$E_2 = E_{20}\cos[(\omega_0 + \omega_d)t + \varphi_2] \quad (\text{取} \ n = 1)$$

因此,光电流为

$$
\begin{aligned}
I &= \xi(E_1 + E_2)^2 \\
&= \xi\{E_{10}^2\cos^2(\omega_0 t + \varphi_1) + E_{20}^2\cos^2[(\omega_0 + \omega_d)t + \varphi_2] + \\
&\quad E_{10}E_{20}\cos[(\omega_0 + \omega_d - \omega_0)t + (\varphi_2 - \varphi_1)] + \\
&\quad E_{10}E_{20}\cos[(\omega_0 + \omega_0 + \omega_d)t + (\varphi_2 + \varphi_1)]\}
\end{aligned}
\tag{6-5-5}
$$

式中,ξ 为光电转换常数。因光波频率 ω_0 甚高,式(6-5-5)的第 1、2 和 4 项不能为光电检测器反应,所以光电检测器只能检测频率较低的第 3 项即拍频信号,其光电流为

$$i_s = \xi\{E_{10}E_{20}\cos[\omega_d t + (\varphi_2 - \varphi_1)]\}$$

光电检测器能测到的光拍信号的频率即为拍频,

$$F_{\text{拍}} = \frac{\omega_d}{2\pi} = \frac{v_A}{d} = v_A n_\theta \tag{6-5-6}$$

其中,$n_\theta = \dfrac{1}{d}$ 为光栅密度,本实验中,$n_\theta = 100$ 条/mm。

3. 微弱振动位移量的检测

从式(6-5-6)可知,$F_{\text{拍}}$ 与光频率 ω_0 无关,且当光栅密度 n_θ 为常量时,只正比于光栅移动速度 v_A。如果把光栅粘在音叉上,则 v_A 是周期性变化的,所以光拍信号频率 $F_{\text{拍}}$ 也是随时间而变化的,微弱振动的位移振幅为

$$
\begin{aligned}
A &= \frac{1}{2}\int_0^{\frac{T}{2}} v(t)\mathrm{d}t = \frac{1}{2}\int_0^{\frac{T}{2}} \frac{F_{\text{拍}}(t)}{n_\vartheta}\mathrm{d}t \\
&= \frac{1}{2n_e}\int_0^{\frac{T}{2}} F_{\text{拍}}(t)\mathrm{d}t
\end{aligned}
$$

式中,T 为音叉振动周期;$\int_0^{\frac{T}{2}} F_{\text{拍}}(t)\mathrm{d}t$ 为半周期内的波形数,可直接在示波器的荧光屏上计算波形数而得到。波形数由完整波形数、波的首数、波的尾数三部分组成,如图 6-5-4 所示。完整波形数可以根据示波器上的波形显示直接读出。而对于一个非完整波形的首数及尾数,需在波群的两端,可按反正弦函数折算为波形的分数部分,因此波形数的表达式为

$$\text{波形数} = \text{完整波形数} + \text{首尾波形分数部分} + \frac{\sin^{-1}a}{360°} + \frac{\sin^{-1}b}{360°} \tag{6-5-7}$$

式中,a、b 为波群的首、尾幅度和该处完整波形的振幅之比。波群是指 $\dfrac{T}{2}$ 内的波形,对于分数

波形数,若满 1/2 个波形其值为 0.5,满 1/4 个波形其值为 0.25,满 3/4 个波形其值为 0.75。

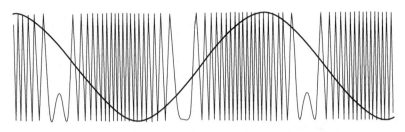

图 6-5-4 双踪示波器显示的拍频波和音叉驱动波示意图

例如,在图 6-5-5 中,$\dfrac{T}{2}$ 内的完整波形数为 4,尾数分数部分已满 1/4 波形,即 $a=0,b=$

$\dfrac{h}{H}=\dfrac{0.6}{1}=0.6$,因此 $N=4+0.25+\dfrac{\sin^{-1}0.6}{360°}=4.25+\dfrac{36.8°}{360°}=4.35$。

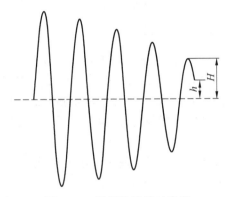

图 6-5-5 波形数计算示意图

【实验方法】

本实验主要采用了转换法进行实验测量,通过将非波动量(微小振动)转换为波动量(光波多普勒频移)来实现测量目的。同时,采用了列表法、作图法来进行数据处理。

【实验器材】

1. 器材名称

双光栅微弱振动测量仪、示波器、数据线等。

2. 器材介绍

1) 双光栅微弱振动测量仪的结构

双光栅微弱振动测量仪的面板结构如图 6-5-6 所示。它有三个信号输出插口:Y_1 为拍频信号,Y_2 为音叉驱动信号,X 为向示波器提供"外触发"扫描信号,可使示波器上的波形稳定。激光器、信号发生器、频率计、音叉等器件的技术指标如下。

半导体激光器:输出激光的波长为 $\lambda=635$ nm,输出功率为 $0\sim3$ mW。

信号发生器:频率范围为 $100\sim1\,000$ Hz,0.1 Hz 微调,输出功率为 $0\sim500$ mW。

频率计:频率范围为 $1\sim(999.9\pm0.1)$ Hz。

音叉:谐振频率为 500 Hz。

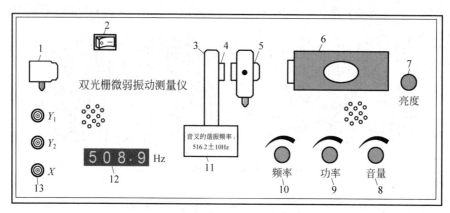

图 6-5-6　双光栅微弱振动测量仪面板示意图

1—光电池；2—电源开关；3—音叉；4—粘于音叉上的光栅（动光栅）；5—静光栅；6—半导体激光器；

7—激光器亮度调节旋钮；8—音量调节旋钮；9—信号发生器输出；10—信号发生器频率调节旋钮；

11—音叉座；12—频率显示窗口；13—信号输出插口

2）双光栅微弱振动测量仪调节

（1）几何光路调节

调节激光器，使某一级衍射光正好落入光电池前的小孔内。小心取下"静光栅"（谨防擦伤光栅），调节半导体激光器，让光束从安装静止光栅架的孔中心通过。调节光电池架，使衍射光的某一级恰好落入光电池前的小孔内即可。锁紧激光器。

（2）双光栅调整

小心地装上"静光栅"，将观察屏（或纸）放于光电池架处，慢慢转动光栅架（务必仔细观察调节），使得两个光束尽可能重合。功率和激光亮度都不可调得太大。

（3）音叉谐振调节

先将"功率"旋钮置于4～5点钟方向附近，调节"频率"旋钮使频率在500 Hz附近，使音叉谐振。若音叉谐振太强烈，则将"功率"旋钮向小钟点方向转动，使在示波器上看到的 $T/2$ 内光拍的波数为10～20个（波数最多点）。

（4）示波器调节

示波器的使用方法参考下册"实验9.1　示波器的原理与使用"。

【实验内容】

1. 仪器调节

将双踪示波器的 X（CH1）、Y（CH2）输入端分别接至双光栅微弱振动测量仪的 Y_1（拍

频信号）、Y_2（音叉驱动信号）输出接口上，双踪示波器的外触发 EXT TRIG 输入端接至双光栅微弱振动测量仪的 X（触发信号）的输出插座上。将示波器的触发方式置于"外触发"；Y_1、Y_2 的"垂直衰减选择钮"置于0.1～0.5 V/格；"扫描时间钮"置于0.2 ms/格左右。

调节几何光路，使其满足工作条件。调整双光栅，使得两个光束尽可能重合。此时去掉观察屏，轻轻敲击音叉，在示波器上应看到拍频信号。

注意　如看不到拍频信号，可试着减弱激光器的亮度。

2. 波形调节

光路粗调完成后，示波器上可以看到一些拍频信号，但欲获得光滑细腻的波形，还须反

复地仔细调节。稍稍松开固定静光栅架的螺钉,尝试微微转动光栅架,改善动光栅衍射光斑与静光栅衍射光斑的重合度,看看波形是否改善;在两光栅产生的衍射光斑重合区域中,不是每一点都能产生拍频波,所以光斑正中心对准光电池上的小孔时,并不一定都能产生清晰而又稳定的波形,有时光斑的边缘即能产生清晰而又稳定的波形,此时可以微调光电池架或激光器,适当改变光斑在光电池上的位置,看看波形是否改善。

3. 音叉谐振调节

调节"功率""频率"旋钮,使音叉处于谐振状态,此时在示波器上看到的 $T/2$ 内光拍的波数为 $10\sim20$ 个(波数最多点)。记录此时的音叉谐振频率,计算示波器上波形数 N 和位移振幅 A。

4. 测量音叉受迫振动时的谐振曲线

固定"功率"旋钮位置在音叉谐振点附近,以谐振频率为中心点,从比谐振频率稍小的频率开始,小心调节"频率"旋钮,逐渐增大信号频率,并跨过谐振频率,测出音叉的振动频率与对应的信号振幅大小。将信号频率每次改变 $0.1\,\text{Hz}$,测 10 组数据。记录音叉的振动频率 ν 与对应信号的波形数 N。计算振幅 A,作出音叉的频率 ν-振幅 A 曲线。

5. 音叉驱动的功率改变时的振幅测量

保持信号频率(以调到谐振频率为宜)不变,调节输出功率,使得在示波器上显示的电压由 $0.4\,\text{V}$ 增至 $1.0\,\text{V}$,每次改变 $0.2\,\text{V}$,共测 4 组数据,测出每一信号输出功率作用下的音叉振动振幅,研究音叉振动振幅随信号功率的变化趋势,记录数据并作出功率 p-振幅 A 曲线。

6. 改变音叉的有效质量

保持信号输出功率不变,将一橡皮泥放在音叉上,以改变音叉的有效质量,调节"频率"旋钮,使音叉处于谐振状态,研究谐振曲线的变化趋势,并说明原因。

【数据记录与处理】

1. 测量音叉受迫振动时的谐振曲线

(1)将测量数据记录于表 6-5-1 中,并根据测量数据求出音叉在谐振频率时作微弱振动的位移振幅。

(2)根据表 6-5-1 的测量数据作出音叉的频率 ν-振幅 A 曲线。

表 **6-5-1** 频率 ν-振幅 A 数据记录表

序号	频率/Hz	$T/2$ 内波形数目				音叉振动的振幅
		整数及分数部分波形数	a	b	波形数	
1						
2						
3						
⋮	⋮	⋮	⋮	⋮	⋮	⋮
9						
10						

2. 音叉驱动信号的功率改变时的振幅测量

(1)将测量数据记录于表 6-5-2 中,并根据测量数据作出音叉的功率 p-振幅 A 曲线。

表 6-5-2　功率 *p*-振幅 *A* 数据记录表

电压/V	T/2 内波形数目				音叉振动的振幅
	整数及分数部分波形数	a	b	波形数	
0.4					
0.6					
0.8					
1.0					

（2）保持信号输出功率不变，改变音叉的有效质量，研究不同质量下音叉谐振时谐振曲线的变化趋势并分析原因。

【注意事项】

1. 静光栅与动光栅不可靠得太近，以免划伤光栅。

2. 驱动信号的功率不要调得太大，以免烧坏仪器。

3. 将激光器亮度调节适中，实验中不需要经常调节。

4. 在示波器荧光屏上数拍频波的波数时，要待波形稳定后方可进行。

【思考题】

1. 如何判断动光栅与静光栅的刻痕已平行？

2. 作音叉受迫振动的谐振曲线时，为什么要固定信号功率？

【实验拓展】

1. 测量音叉谐振时光拍信号的平均频率。

2. 利用本实验仪器设计一个测量微小质量的实验。

3. 查阅资料，阐述双光栅测量的优点及其在工业制造和科学研究中的应用。

实验 6.6　用动态法测定杨氏模量

杨氏模量（Young's modulus）是表征在弹性限度内物质材料抗拉或抗压的物理量，它是沿纵向的弹性模量。1807 年，英国医生兼物理学家托马斯·杨（Thomas Young）首次将其定义为"同一材料的一个柱体在其底部产生的压力与引起某一压缩度的重量之比等于该材料长度与长度缩短量之比"，即应力与应变之比。杨氏模量的大小标志材料的刚性，杨氏模量越大，材料越不容易发生形变。精确测量杨氏模量，对强度理论和工程技术都具有重要意义。

【课前预习】

1. 什么是基频？什么是一次谐频？

2. 有哪些判断真假共振的方法？本实验适合用哪种？

【实验目的】

1. 了解用动态法测定杨氏模量的原理，掌握实验方法。

2. 掌握判别真假共振的基本方法及有关实验误差的计算方法。

3. 掌握用外推法确定节点位置的基频共振频率。

【实验原理】

一根长度 l 远大于直径 d 的细长棒(试棒),当其作微小横振动(又叫弯曲振动)时,其振动方程为

$$\frac{\partial^4 y}{\partial x^4} + \frac{\rho S}{EJ} \frac{\partial^2 y}{\partial t^2} = 0 \tag{6-6-1}$$

式中,y 为竖直方向位移;x 为长棒的轴线方向;E 为试棒的杨氏模量;ρ 为材料的密度;S 为棒横截面积;J 为其截面惯性矩,且 $J = \int sy^2 ds$。

用分离变量法求方程式(6-6-1)的解。令

$$y(x,t) = X(x)T(t) \tag{6-6-2}$$

代入式(6-6-1)有

$$\frac{1}{X} \cdot \frac{d^4 X}{dx^4} = -\frac{\rho S}{EJ} \cdot \frac{1}{T} \cdot \frac{d^2 T}{dt^2}$$

该等式两边分别是变量 x 和 t 的函数,只有当它们都等于一任意常数时,等式才成立。设该常数为 K^4,于是有

$$\frac{d^4 X}{dx^4} - K^4 X = 0$$

$$\frac{d^2 T}{dt^2} + \frac{K^4 EJ}{\rho S} \cdot T = 0$$

设棒中各点均作简谐振动,则这两个线性常微分方程的通解分别为

$$X(x) = B_1 \cosh Kx + B_2 \sinh Kx + B_3 \cos Kx + B_4 \sin Kx$$

$$T(t) = A\cos(\omega t + \psi)$$

由式(6-6-2)得横振动方程的通解为

$$y(x,t) = (B_1 \cosh Kx + B_2 \sinh Kx + B_3 \cos Kx + B_4 \sin Kx) \cdot A\cos(\omega t + \psi)$$

式中,

$$\omega = \left(\frac{K^4 EJ}{\rho S}\right)^{\frac{1}{2}} \tag{6-6-3}$$

该式称为频率公式。频率公式对任意形状截面、不同边界条件的试棒都是成立的。只要用特定的边界条件下定出常数 K,并代入特定截面的惯性矩 J,就可得到具体条件下的计算公式。如将棒悬挂(或支撑)在节点(即处于共振状态时棒上位移恒等于零的位置)上,此时,边界条件为两端横向作用力及力矩均为零,即

$$F = -\frac{\partial M}{\partial x} = -EJ \frac{\partial^3 y}{\partial x^3} = 0$$

$$M = EJ \frac{\partial^2 y}{\partial x^2} = 0$$

即

$$\left.\frac{d^3 X}{dx^3}\right|_{x=0} = 0, \quad \left.\frac{d^3 X}{dx^3}\right|_{x=l} = 0, \quad \left.\frac{d^2 X}{dx^2}\right|_{x=0} = 0, \quad \left.\frac{d^2 X}{dx^2}\right|_{x=l} = 0$$

将通解代入边界条件，得到

$$\cos Kl \cdot \cosh Kl = 1$$

可用数值解法求得本征值 K 和棒长 l 应满足：

$$K_n l = 0, 4.730, 7.853, 10.966, 14.137, \cdots$$

式中，第 1 个根 $K_0 l = 0$ 对应试样静止状态；第 2 个根记为 $K_1 l = 4.730$，所对应的试样振动频率称为基振频率（基频）或固有频率，此时的振动状态如图 6-6-1（a）所示；第 3 个根 $K_2 l = 7.853$ 所对应的振动状态如图 6-6-1（b）所示，称为一次谐波。由图 6-6-1 可见，试棒作基频振动时有两个节点，其位置分别距离端面 $0.224l$ 和 $0.776l$。而对于一次谐波，它共有三个节点，其位置分别距离端面为 $0.132l$、$0.500l$ 和 $0.868l$。实验证明，棒上的振动分布确实如此。

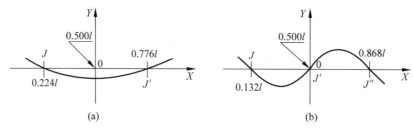

图 6-6-1　基频

（a）$K_1 l = 4.730$；（b）$K_2 l = 7.853$

将第 1 个本征值 $K_1 = 4.730/l$ 代入频率公式（6-6-3），得到自由振动时的固有频率为

$$\omega = \left[\frac{(4.730)^4 EJ}{l^4 \rho S} \right]^{\frac{1}{2}}$$

因对圆形棒有

$$J = \int s y^2 ds = S \left(\frac{d}{4} \right)^2$$

整理后得

$$E = 1.6067 \cdot \frac{l^3 m}{d^4} f^2 \tag{6-6-4}$$

式（6-6-4）就是本实验测量材料杨氏模量的计算公式。式中，长度 l、直径 d 等几何尺寸均以 m 为单位，质量 m 以 kg 为单位，频率 f 以 Hz 为单位，计算出杨氏模量的单位为 N·m^{-2}。

【实验方法】

杨氏模量测定方法共有三类：①静态法（拉伸、扭转、弯曲）。该法通常适用于测量金属试样发生重大形变及常温下的杨氏模量。该法载荷大，加载速度慢并伴有弛豫过程，对脆性材料（石墨、玻璃、陶瓷）不适用，也不能在高温状态下测量；②波传播法（含连续波及脉冲波法）。该法所用设备在室温下很有效，但因换能器的性能受温度影响较大、价格昂贵而导致该法的应用受限；③动态法（又称共振法、声频法）。其包括弯曲共振法、纵向共振法及扭转共振法，其中弯曲共振法由于测量精确、设备易得，理论与实践吻合度好，适用各种金属和非金属，以及测定温度广而被广泛采用。本实验采用动态弯曲共振法测定材料的杨氏模量，将测量杨氏模量转换为测量驻波共振的频率，以及试样的质量、长度和直径等。因此该测量方法属于转换法。

【实验器材】

　　动态杨氏模量测定仪,示波器,信号发生器,游标卡尺,螺旋测微计,电子秤,待测金属棒(铜和铁各2根)。

　　图6-6-2是本实验所用的实验装置示意图。被测试样可以用细线悬挂在换能器Ⅰ、Ⅱ的下面(图6-6-2(a)),也可以利用支撑式测试架放在换能器Ⅰ′、Ⅱ′之上(图6-6-2(b))。图中,换能器Ⅰ和Ⅰ′是发射换能器,换能器Ⅱ和Ⅱ′是接收换能器。

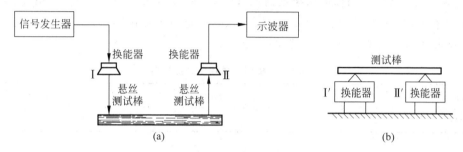

(a)　　　　　　　　　　　　　　　　　(b)

图6-6-2　动态杨氏模量测定仪测量原理示意图

　　信号发生器输出的信号加在发射换能器上,使发射换能器中的膜片振动,发射换能器上的悬线/支撑架固定在此膜片中心,膜片的振动引起悬线/支撑架跟着上下振动,激发试样发生振动。试样的振动传给接收换能器,接收换能器将试样的振动转变为电信号,送到示波器的 Y 轴输入端。改变信号发生器输出信号的频率,当其数值与试样棒的固有频率一致时,样品发生共振,试样振动的振幅最大,接收换能器输出的电信号也达到最大。此时的信号频率就是样品的基频频率,将其代入式(6-6-4)便可求得样品的杨氏模量。

【实验内容】

　　1. 用游标卡尺、螺旋测微计和电子秤分别测得每根棒的长度 l、直径 d 和质量 m。

　　2. 连接线路,安装试样。金属棒保持水平,用悬挂法测量时,悬丝应与金属棒垂直。

　　3. 采用支撑法测定每根测试棒的共振频率(基频)。

　　4. 采用悬挂法测定每根测试棒的共振频率(基频)。

　　理论上,样品作基频共振时,悬点应置于节点处,即悬点应置于距棒的两端面分别为 $0.224l$ 和 $0.776l$ 的位置处,但是,在这种情况下,棒的振动无法激发。欲激发棒的振动,悬点必须离开节点位置。故将长铁棒、短铁棒、细铜棒三根测试棒在远离节点位置分别用悬挂法测量一次基频共振频率。对于粗铜棒,则采用外推法测定棒的弯曲振动基频频率。外推法是指所需要的实验数据在测量范围之外,它很难直接测量得到,为了求该值,可以利用已有的数据绘制曲线,再将曲线延长,在延长线上求得所需值。本实验的具体做法是:在基频节点附近同时改变两悬线位置,每隔5 mm测一次共振频率,共测9个点,然后画出共振频率与悬线位置的关系曲线,再根据关系曲线确定节点位置的基频共振频率。

【数据记录与处理】

　　1. 将测得的各棒的质量 m、长度 l、直径 d(测3次,分别记为 d_1,d_2 和 d_3)的值记录于表6-6-1中。

　　2. 将用悬挂法和支撑法测得的各棒的基频频率记录于表6-6-1中。

表 6-6-1　测量数据

试　样	m/g	l/mm	d_1/mm	d_2/mm	d_3/mm	$f_{悬挂}/\mathrm{Hz}$	$f_{支撑}/\mathrm{Hz}$
长铁棒							
短铁棒							
细铜棒							
粗铜棒							—

3. 测出两悬线位置与棒的两端点的距离 x 分别为 5 mm，10 mm，$\cdots$，45 mm 时棒的基频共振频率 $f_{悬挂}$，并记录于表 6-6-2 中，同时根据测量数据作出粗铜棒的 $f_{悬挂}$-x 曲线，并根据关系曲线确定测试棒在节点位置的共振频率。

表 6-6-2　粗铜棒悬挂法测量数据

x/mm	5	10	15	20	25	30	35	40	45
$f_{悬挂}/\mathrm{Hz}$									

4. 根据式(6-6-4)计算每根棒的杨氏模量 E 及其不确定度 u_E。

【注意事项】

1. 因换能器极其脆弱，测定时一定要轻拿轻放，不能用力拉压，也不能敲打。

2. 利用悬挂法测量时，应使试样在同一高度，且不可摆动。

3. 信号源、换能器、放大器、示波器均应接地。

4. 对真假共振频率的判断。换能器、悬丝、支架等部件都有其固有的共振频率，都可能以其本身的基频或高次谐波频率发生共振。示波器上显示的共振信号是否为试样真正共振信号，可用外加干扰法来判断：当输入某个频率并在示波器上显示共振信号时，用其他固体轻轻搭在被测量棒的上方，若示波器显示的波形没有明显变化，则说明这个共振频率不属于试样。

【思考题】

1. 实验中是否发现假共振峰？是何原因？如何消除？

2. 如何用外推法算出试棒节点真正的共振频率？

【实验拓展】

杨氏模量是工程技术设计中常用的参数。它的测定不仅对研究金属材料、光纤材料、半导体、纳米材料、聚合物、陶瓷、橡胶等各种材料的力学性质有着重要意义，还对机械零部件设计和生物力学、地质等领域有着重大的意义。

在石油工程领域，杨氏模量可以理解为对岩石"刚度"的测试，是岩石在外力作用下抵抗变形的能力。杨氏模量可以用于计算油藏地应力(垂直、水平地应力，破裂压力，坍塌压力等)的分布、预测压裂高度，为非常规油气储层钻井和压裂优化设计提供科学指导。

实验 6.7　偏振光的观察和应用

众所周知，光是一种电磁波，把电磁波中的电矢量 E 定为光波的振动矢量，称之为光矢量，它的振动方向和光的传播方向垂直，因此，光是横波，具有偏振的特性。按光矢量的不同振动状态,通常把光波分为五种偏振形式。如果在垂直于光波前进方向的平面内,光振动限于某一固定方向,则将这种光称为线偏振光或平面偏振光;如果光振动的方向是完全随机的,且平均来说各方向分量的振幅都相等,则将这种光称为自然光;但如果在有的方向上光矢量的振幅较大,有的方向振幅较小,则将这种光称为部分偏振光;如果光矢量的大小和方向随时间发生周期性的变化,且光矢量的末端在垂直于光传播方向的平面内的投影是圆或椭圆,则将这种光称为圆偏振光或椭圆偏振光。

　　偏振光在工农业生产和科学学研究中都有着广泛的应用,如偏振显微镜、液晶屏幕、立体电影、汽车车灯等。本实验通过对偏振光的观察和应用,使学生全面了解和掌握偏振光的产生和检测方法。

【课前预习】

　　1. 线偏振光的起偏方法有几种?检偏手段有几种?

　　2. 如何理解马吕斯定律?

　　3. 四分之一波片的作用以及决定它厚度的因素是什么?

　　4. 二分之一波片的作用以及它的厚度与相位差 δ 满足怎样的关系?

【实验目的】

　　1. 观察光的偏振现象,加深对光的偏振性的认识。

　　2. 掌握产生和检验偏振光的原理和方法。

　　3. 了解旋光性及其测定糖溶液浓度的方法。

【实验原理】

　　用于产生线偏振光的元件称为起偏振器(或起偏振片),用于鉴别偏振光的元件称为检偏振器(或检偏振片),两者一般可通用,仅是放置的前后位置不同而已。

　　根据马吕斯定律,如果入射线偏振光的振动方向与检偏振器的偏振化方向夹角为 θ 时,则强度为 I_0 的入射线偏振光,通过检偏振器后的光强为

$$I = I_0 \cos^2 \theta$$

1. 产生线偏振光(起偏)的方法

产生线偏振光的方法较多,下面介绍常用的三种方法。

　　(1) 偏振片。某些晶体(如硫酸金鸡纳碱等)制成的偏振片,对互相垂直的两个分振动具有选择吸收的性能,即只允许一个方向的光振动通过,所以透射光为线偏振光。

　　(2) 尼科耳棱镜。方解石具有双折射性质,由它制成的尼科耳棱镜,可使自然光分成 e 光和 o 光,其中 o 光被反射掉,故透射光 e 光为线偏振光。

　　(3) 介质表面反射。当自然光以起偏振角入射时,反射光中只有振动方向垂直入射面的线偏振光,而折射光中平行于入射面的光振动较强。

2. 波片、圆偏振光和椭圆偏振光

　　如果将双折射晶体切割成光轴与表面平行的晶片,当波长为 λ 的平面偏振光垂直入射到晶片时,o 光与 e 光的传播方向相同,但折射率不同,传播速度也就不同,因此透过晶片后,两种光就产生恒定的相位差 δ:

$$\delta = 2\pi / \lambda (n_o - n_e) \cdot d$$

式中,d 为晶片厚度,n_o 和 n_e 分别表示 o 光和 e 光的折射率。

　　(1) 对波长为 λ 的单色光,如晶片厚度满足 $\delta = 2k\pi (k = 1, 2, 3, \cdots)$,则该晶片称为(相

应于波长为 λ 的光)全波片。

（2）对波长为 λ 的单色光,如 d 满足 $\delta=(2k+1)\pi(k=0,1,2,\cdots)$,则该晶片称为(相应于波长为 λ 的光)半波片(或"二分之一波片")。

（3）对波长为 λ 的单色光,如 d 满足 $\delta=(2k+1)\pi/2(k=0,1,2,\cdots)$,则该晶片称为(相应于波长为 λ 的光)四分之一波片。

若线偏振光经过四分之一波片,有以下三种情况:①当 $\theta=\pi/4$ 时,得圆偏振光;②当 $\theta=0$ 或 $\pi/2$ 时,得线偏振光;③当 θ 为除前面的 $\dfrac{\pi}{4},0,\dfrac{\pi}{2}$ 三个角度之外的其他角度时,得椭圆偏振光。而当线偏振光经过半波片后,仍然得线偏振光,当入射光振动面与半波片光轴之间夹角为 θ 时,出射的线偏振光振动方向转过了 2θ 角度。

这里的 θ 为入射光振动面和波片光轴之间的夹角,如图 6-7-1 所示。

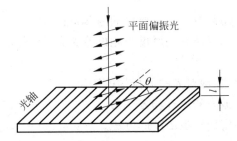

图 6-7-1   入射光振动面和波片光轴之间的夹角 θ

3. 偏振光振动面的旋转——旋光效应

当平面偏振光通过某些晶体(如石英)和一些含有不对称碳原子的物质溶液(如蔗糖溶液)时,其振动面相对于原入射光的振动面旋转了一个角度,这种现象称为物质的旋光性。

利用蔗糖溶液的旋光性,可测定糖溶液浓度。

【实验方法】

本实验用到的是转换法,光强是模拟量,通过肉眼直接观察光屏并不能确定消光时刻,需要将其转换成易于与标准量进行比较和测量的物理量。故本实验采用了十分典型的能量转换法,利用光电传感器将光强这个模拟信号转换成容易测量的电信号,并以数字的形式显示出来。

【实验器材】

1. 器材名称

半导体激光器(波长 650 nm,部分偏振光),光具座(导轨 0.8 米长),移动座(6 个),转盘式带度盘偏振片(2 个),转盘式带度盘四分之一波片(2 个),转盘式带度盘半波片(1 个),接收屏(1 个),数字式光检流计(1 台),蔗糖溶液管(带底座,2 个,管长为 150 mm,扣除蔗糖溶液管内两个封头长度,液体柱长度为 135 mm)。

2. 器材介绍

图 6-7-2 是部分光学元件在导轨上安置的情况。激光器的波长为 650 nm,每个光学元件均装在光具座上,在导轨上可以自由移动,也可以自由调换。检偏振片的后面是数字光检测计,能将接收的光模拟信号转化成数字信号显示出来。

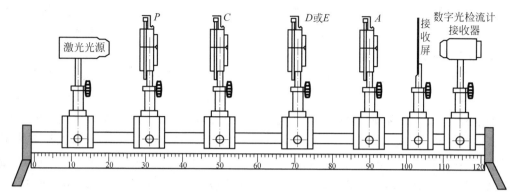

图 6-7-2　部分光学元件的安放位置示意图

【实验内容】

1. 观察偏振现象

自然光垂直于偏振片平面入射,旋转偏振片,并观察明暗变化情况。用另一偏振片观察前一偏振片的透射光,并旋转偏振片观察明暗变化情况。两者有何区别? 为什么?

2. 平面偏振光的产生和检验,半波片

(1) 按图 6-7-2 放置各元件,使起偏振片 P 和检偏振片 A 的偏振化方向互相垂直,此时可在接收屏上观察到消光现象。然后,去掉接收屏,利用数字光检流计调试出消光现象。

(2) 在 P 和 A 之间加入半波片 C,转动半波片直至消光。设这时 C 为初始位置,再将 C 转 $15°$,视场变亮。然后转动 A 至消光位置,记录 A 所转过的角度。

(3) 以初始位置为准,将 C 转动 $30°$,读出达到消光时 A 所转过的总角度,使 C 依次转过总角度为 $45°$、$60°$、$75°$、$90°$,记录达到消光时,A 对应转过的总角度。

(4) 将半波片转动 $360°$,能观察到几次消光? 若半波片固定不动,将 A 转动 $360°$,能观察到几次消光? 由此分析通过半波片后,线偏振光有何变化?

3. 圆偏振光和椭圆偏振光的产生,四分之一波片

(1) 按图 6-7-2 放置元件,使 P 和 A 正交消光,用四分之一波片 D 代替 C,并转动 D 使视场消光。此时 D 作为初始位置。

(2) 将 D 转过 $15°$,然后转动检偏振片 A 一圈,观察到什么现象? 这时从 D 出射的光的偏振状态如何?

(3) 依次将 D 转过 $30°$、$45°$、$75°$、$90°$(相对于初始位置),每次将 A 转动 $360°$,记录视场明暗变化的次数和程度。

4. 圆偏振光和椭圆偏振光的检验

单用一个偏振片无法区别圆偏振光和自然光,也无法区别椭圆偏振光和部分偏振光,因此必须再用一个四分之一波片使偏振状态发生变化,以区别光的性质。

(1) 按图 6-7-2 放置元件,先使 P 和 A 正交消光,加入 D,使 D 从消光位置转动 $45°$,再转动检偏振片 $360°$,发现光强不变,然后在 D 和 A 之间加入另一个四分之一波片 E,再转动 A,观察光强有何变化? 这说明圆偏振光经四分之一波片后,变成什么光? 如果是一束自然光,通过四分之一波片后其偏振状态又将如何?

(2) 同上述步骤,将 D 置于任意角度,这时从 D 出来的光为椭圆偏振光,试设计一方法,如何利用另一四分之一波片将此椭圆偏振光变为平面偏振光,以区分椭圆偏振光和部分偏振光。对于光的五种偏振态,通常要分两步才能区分。记录观察到的现象。

5.测定蔗糖溶液的浓度

蔗糖溶液是一种具有旋光特性的有机溶液。当已经消光了的两个偏振片之间放上蔗糖溶液后,透射的极化光会因为蔗糖溶液分子间的作用力而发生旋转,从而不再消光,从检偏振片中有光透出,这种现象就是旋光。通过旋光现象我们可以测出蔗糖溶液的浓度。

具体做法是:首先调节光路共轴,使激光穿过玻璃管的中轴线。调节起偏振片 P 和检偏振片 A,观察数字光检测计使透射光消光,记下此时偏振片 A 的角度为初始值。然后,摇匀玻璃管中的蔗糖溶液,并将玻璃管放置在两个偏振片之间,注意离两个偏振片不能太远。

缓慢旋转检偏振片 A 直到消光,记下此时偏振片 A 转过的角度 θ(线偏振光在透过旋光蔗糖溶液后,其振动面所转过的角度)。根据测得的偏转角及已知的旋光率,可求出溶液浓度。反复测量三次取平均值。

蔗糖溶液的浓度计算公式如下:

$$C = \frac{\theta}{l[\alpha]_\lambda^t} \times 100\%$$

式中,C 为溶液的质量百分浓度(无量纲);θ 为测得的偏转角;$[\alpha]_\lambda^t$ 为温度 t 下用波长为 λ 的光测得的物质旋光率;l 为试管长度。其中,在相同温度下,旅糖溶液的旋光率与入射光波长的平方成反比。例如,对于本实验所使用的半导体激光器,发射的激光波长为 650 nm,通过计算可得在室温 20℃时蔗糖的理论参考旋光率为 54.732°/(dm·g·cm^{-3})。

【数据记录与处理】

1.平面偏振光的产生和检验,半波片

将 C 依次转过 15°、30°、45°、60°、75°、90°,当发生消光现象时,记录 A 转过的角度于表 6-7-1,并解释实验结果。

表 6-7-1　发生消光现象时 A 所转过的角度

半波片转过的角度	15.0°	30.0°	45.0°	60.0°	75.0°	90.0°
检偏振片 A 转过角度						

2.圆偏振光和椭圆偏振光的产生,四分之一波片

将 D 依次转过 15°、30°、45°、60°、75°、90°并每次将 A 转动 360°,记录观察到的现象和出射的光的偏振态于表 6-7-2 中。

表 6-7-2　视场明暗变化的次数和程度记录表

四分之一波片转动角度	A 转 360°观察到的现象	光的偏振态
15.0°		
30.0°		
45.0°		
60.0°		
75.0°		
90.0°		

3. 圆偏振光和椭圆偏振光的检验

将观察到的实验现象记录于表 6-7-3,并给出相应的结论。

表 6-7-3 两步区分光的五种偏振态的现象记录表

第一步	让入射光通过偏振片 A,并转动 A,观察光强变化		
观察到的现象	有消光	强度无变化	强度有变化,但无消光
结论	线偏振光	自然光或圆偏振光	部分偏振光或椭圆偏振光
第二步		使入射光依次通过 D 和 A,并转动 A,观察光强的变化	使入射光通过 D,同时 D 的光轴方向必须平行或垂直于入射光的强度极大值方向,然后转动位于 D 后的 A,观察光强变化
观察到的现象			
结论			

4. 测量蔗糖溶液的浓度

本实验中,已知浓度与未知浓度的蔗糖溶液液柱均为 20 cm。

$l = 20$ cm;$\theta_1 = $_____;$\theta_2 = $_____;$C = $_____。

【注意事项】

1. 实验时,各元件平面要和入射的平行光垂直,各元件平面互相平行且靠近,以减少周围杂散光的影响。

2. 严禁用眼睛直视激光。

3. 在用数字检流计观察光强的变化时,要使接收的光源入射到检流计的中间部位。

4. 偏振片的角度测量时,由于其分度值为 1°(分辨率低),旋转时要尽可能慢。

【思考题】

1. 描述波片的主要参数是什么?

2. 如何由两个四分之一波片组成一个半波片?

3. 实验时,为什么必须使入射光与波片表面垂直?

4. 一非偏振光通过三个偏振片构成的片堆,前后两个偏振片的透振轴平行,中间的偏振片的透振轴方向与外边两个偏振片的透振方向成 45°,问通过三个偏振片的光强占入射光强的比例是多少?

【实验拓展】

1. 在了解偏光显微镜的基础上,试分析偏光显微镜如何能分辨岩石的组成。

2. 如何改进测试蔗糖溶液浓度的实验,使测试和计算更为简单。

实验 6.8 利用磁电阻传感器测量地磁场

地磁场非常微弱,约在 10^{-5} T 量级,这使得地磁场的测量具有难度大、精密度低等特点。地磁场作为一个基础数据,在地球物理、空间科学、石油工业、军事测绘等领域有着重要用途。

磁电阻传感器是利用各向异性磁电阻效应制作的传感器,此类传感器的灵敏度约为利用半导体霍耳效应制作的传感器的 100 倍,常用于弱磁场的测量。

【课前预习】

1．什么是地磁场？表示地磁场方向和大小的三个参量是什么？

2．什么是各向异性磁电阻效应？

3．用磁电阻传感器测量磁场时，直接测量量是什么？

4．在本实验中，亥姆霍兹线圈的作用是什么？

5．测量盘水平时，旋转测量盘使传感器输出电压最大的方向是地磁场的什么方向？

6．测量盘竖直且在地磁场子午面内时，旋转测量盘使传感器输出电压最大的方向是地磁场的什么方向？

【实验目的】

1．掌握磁电阻传感器的特性和定标方法。

2．掌握地磁场的测量方法。

【实验原理】

物质在磁场中电阻率发生变化的现象，称为磁电阻效应。对于铁、钴、镍及其合金等铁磁性金属，其磁化方向与电流方向平行时的电阻率与两者垂直时的电阻率有明显的差异，这种现象就是各向异性磁电阻效应。

本实验所用的磁电阻传感器，是将长而薄的坡莫合金（铁镍合金）附着在硅片上，制成一条坡莫合金磁电阻薄膜带，如图 6-8-1 所示；再将 4 条坡莫合金磁电阻组成一个非平衡电桥，从而制成一维磁电阻微电路集成芯片（二维和三维磁电阻传感器可以测量二维或三维磁场）。

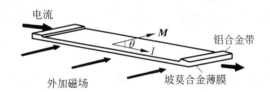

图 6-8-1　磁电阻的结构示意图

坡莫合金薄膜的电阻率 $\rho(\theta)$ 依赖于磁化强度 M 方向和电流 I 方向之间的夹角 θ，它们之间满足如下关系：

$$\rho(\theta) = \rho_\perp + (\rho_\parallel - \rho_\perp)\cos^2\theta$$

其中，$\rho_\parallel$、$\rho_\perp$ 分别是电流 I 平行于 M 和垂直于 M 时的电阻率。

当沿着坡莫合金薄膜的长度方向通以一定的直流电流，而在垂直于电流的方向上施加一个外部磁场时，薄膜自身的电阻率会生较大的变化，利用电阻率的这一变化，可以测量磁场的大小和方向。

此外，在制作磁电阻传感器时还在硅片上设计了两条铝合金带，一条是置位或复位带，另一条是偏置磁场带。该传感器受强磁场干扰时，会产生磁畴饱和现象，从而降低灵敏度。为恢复传感器的灵敏度，可以通过置位或复位带施加脉冲消除磁饱和状态来复位极性。偏置磁场带，用于产生一个偏置磁场，补偿环境磁场中的弱磁场部分（当外加磁场较弱时，磁电阻的电阻相对变化值与磁感应强度成平方关系），使磁电阻传感器输出显示线性关系。

本实验所用的磁电阻传感器是一种单边封装的磁敏传感器，它能测量与管脚平行方向的磁场。传感器是由 4 个坡莫合金磁电阻组成的非平衡电桥,非平衡电桥输出连接集成运算放大器,以将其输出信号放大。传感器内部结构如图 6-8-2 所示,由于适当配置的 4 个磁电阻中的电流方向不相同,所以当存在外加磁场时,4 个磁电阻的阻值变化情况不同(某些磁电阻的阻值增加,而某些磁电阻的阻值减少),而使非平衡电桥的输出电压 U_{out} 满足如下关系:

$$U_{out} = \frac{\Delta R}{R} \times U_b$$

其中,U_b 是电桥的工作电压;$\Delta R/R$ 是外加磁场引起的磁电阻阻值的相对变化。

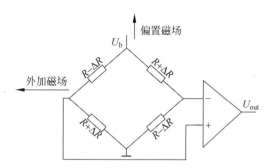

图 6-8-2 磁电阻传感器内的非平衡电桥

在一定的工作电压 U_b 下,该磁电阻传感器的输出电压 U_{out} 与外加磁场的磁感应强度 B 的大小成正比,即

$$U_{out} = U_0 + KB$$

其中,K 为传感器的灵敏度,U_0 为外加磁场为零时的输出电压。

由于亥姆霍兹线圈的特点是能在其轴线中心点附近产生较宽范围的均匀磁场区,所以常用作弱磁场的标准磁场。本实验所用亥姆霍兹线圈公共轴线中心点位置的磁感应强度为

$$B = \frac{\mu_0 NI}{R} \frac{8}{5^{3/2}} = 44.96 \times 10^{-4} I$$

其中,每个线圈匝数 $N=500$;亥姆霍兹线圈的平均半径 $R=10\ cm$;真空磁导率 $\mu_0 = 4\pi \times 10^{-7} N/A^2$;$I$ 为线圈流过的电流,单位为 A;B 为磁感应强度,单位为 T。

【实验方法】

利用各向异性磁电阻效应制成的磁电阻传感器,其直接测量量不是磁场,而是 4 个坡莫合金磁电阻组成的非平衡电桥的输出电压;此实验方法,归属于磁电转换法。在测量磁电阻传感器的灵敏度时,本实验还通过使励磁电流换向的方法,消除地磁场水平分量对亥姆霍兹线圈所产生的标准磁场的影响;此实验方法,归属于换向补偿法。

【实验器材】

测量地磁场的实验装置如图 6-8-3 所示,主要由磁电阻传感器模块、地磁场测量仪控制主机、亥姆霍兹线圈和测量盘四部分组成。地磁场测量仪控制主机包括数字电压表、恒流源等。亥姆霍兹线圈固定在底座上。测量盘为一个带角刻度的转盘,安装在固定于底座上的支架上,可以旋转和翻转。磁电阻传感器模块固定在测量盘上。此外,还有磁电阻传感

器的引线、亥姆霍兹线圈的引线等。

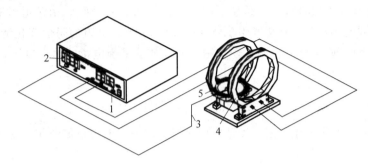

图 6-8-3   地磁场测量实验装置示意图

1—恒流源；2—数字电压表；3—磁电阻传感器输入输出引线；4—亥姆霍兹线圈；5—测量盘

在使用仪器时，须注意以下事项：

（1）实验仪器周围的一定范围内不应存在铁磁金属物体。

（2）使用亥姆霍兹线圈和测量盘前先调平。利用底座上的水准仪，调节底座上的螺丝使仪器水平。

【实验内容】

1．测量磁电阻传感器的灵敏度 K

（1）连接好磁电阻传感器和亥姆霍兹线圈的引线。在连接亥姆霍兹线圈时，应保证两线圈串联，且其电流方向相同。

（2）旋转测量盘至 0°，使磁电阻传感器的管脚方向与亥姆霍兹线圈产生的磁场方向平行。

（3）调节励磁电流为零，按恒流源的复位键，并将数字电压表显示的磁电阻传感器输出电压 U_{out} 调零。

（4）依次调节励磁电流为 10.0 mA、20.0 mA、30.0 mA、40.0 mA、50.0 mA、60.0 mA，并测量相应的输出电压 $U_{正}$。

（5）改变励磁电流的方向，重复步骤（2）和步骤（3），测量相应的输出电压 $U_{反}$（目的是消除地磁场水平分量的影响）。

2．测量地磁场的水平分量 $B_{/\!/}$

（1）拆去亥姆霍兹线圈的连线，将亥姆霍兹线圈的轴线转至（地理的）南北方向，按恒流源的复位键，并将数字电压表显示的输出电压 U_{out} 调零。

（2）旋转测量盘，找到输出电压最大的方向，即为地磁场的水平分量方向，记下此时的最大的电压 U_1。

（3）再次旋转测量盘，找到输出电压最小的方向，并记下此时的最小电压 U_2。

（4）重复测量 6 次，分别记录下所测得的数据。

3．测量地磁场的磁倾角 β 和总磁感应强度 $B_{总}$

（1）先旋转测量盘至 0°，再旋转底座上的转盘使磁电阻传感器输出电压最大（即把传感器的管脚转至地磁场水平方向）。

（2）将测量盘调整为竖直方向，即把测量盘调整到地磁子午面内。

（3）旋转测量盘，分别找到输出电压最大和最小时的方向，记下最大电压 U_1' 和最小电压 U_2'，并同时记下此时测量盘指示的角度值 β_1 和 β_2。

（4）重复测量 6 次，分别记录下所测得的数据。

【数据记录与处理】

1. 测量磁电阻传感器的灵敏度 K

（1）将所测得的数据记录于表 6-8-1 中。

表 6-8-1　测量磁电阻传感器的灵敏度数据记录表

I/mA	10.0	20.0	30.0	40.0	50.0	60.0
$U_{正}/\mathrm{mV}$						
$U_{反}/\mathrm{mV}$						

（2）根据实验数据采用逐差法计算 $K=\Delta\overline{U}/B$，其中 $\overline{U}=|U_{正}-U_{反}|/2$。

（3）根据表 6-8-1 中的数据，采用最小二乘法拟合（选做）。

2. 测量地磁场的水平分量 $B_{/\!/}$

（1）将所测得的数据记录于表 6-8-2 中。

表 6-8-2　测量地磁场的水平分量数据记录表

次数	1	2	3	4	5	6
U_1/mV						
U_2/mV						

（2）根据表 6-8-2 中的数据，利用式 $B_{/\!/}=\overline{U}_{/\!/}/K=|U_1-U_2|/(2K)$，计算当地地磁场磁感应强度的水平分量 $B_{/\!/}$。

3. 测量地磁场的磁倾角 β 和总磁感应强度 $B_{总}$

（1）将所测得的数据记录于表 6-8-3 中。

表 6-8-3　测量地磁场的磁倾角和总磁感应强度数据记录表

次数	1	2	3	4	5	6
U_1'/mV						
$\beta_1/(°)$						
U_2'/mV						
$\beta_2/(°)$						

（2）根据表 6-8-3 中的数据，由式 $\beta=(\beta_1+\beta_2)/2$，计算当地地磁场的磁倾角 β。

（3）根据表 6-8-3 中的数据，由式 $B_{总}=\overline{U}_{总}/K=|U_1'-U_2'|/(2K)$，计算当地地磁场磁感应强度的大小 $B_{总}$。

（4）根据表 6-8-3 中的数据，由式 $B_{\perp}=B_{总}\sin\beta$，计算当地地磁场磁感应强度的竖直分量 $B_{\perp}$。

【思考题】

1. 在测量磁电阻传感器灵敏度时，为什么既要测量正向输出电压又要测量反向输出电压？

2. 在测量地磁场时，若在磁电阻传感器周围较近处放一个铁钉，会对测量结果产生什么影响？

3. 为何坡莫合金磁电阻传感器遇到较强磁场时，其灵敏度会降低？用什么方法来恢复其原来的灵敏度？

【实验拓展】

利用坡莫合金的各向异性磁电阻效应制作的磁电阻传感器,由于其具有体积小、灵敏度高、易安装等特点,因而在弱磁场测量方面有着广泛的应用。其应用领域覆盖了磁场传感和磁力计、电子罗盘、线性和角位置传感器、钻孔测斜、车辆探测、GPS导航等许多领域,同时在信息技术中,也广泛用于磁卡感应等信号检测。

除了利用各向异性磁电阻效应,还可以利用法拉第电磁感应定律、霍耳效应、巨磁电阻效应等来制作磁敏传感器。

【附录】

地磁场

地球本身具有磁性,所以地球和近地空间之间存在着磁场,称为地磁场。地磁场的强度和方向随地点(甚至随时间)而异。地磁场的北极、南极分别在地理南极、北极附近,彼此并不重合,如图6-8-4所示,而且两者间的偏差随时间不断地缓慢变化。地磁轴与地球自转轴并不重合,它们的夹角大约为11°。

在一个不太大的范围内,地磁场基本上是均匀的,可用三个参量来表示地磁场的方向和大小,如图6-8-5所示。

(1) 磁偏角 α ,是地球表面任一点的地磁场矢量所在竖直平面(即图6-8-5中 $B_{/\!/}$ 与 z 轴构成的平面,称为地磁子午面)与地理子午面(即图6-8-5中 x 轴与 z 轴构成的平面 xOz)之间的夹角。

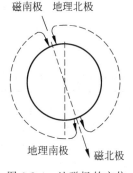

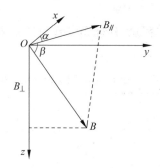

图 6-8-4　地磁极的方位　　　　　图 6-8-5　地磁极的三个参量

(2) 磁倾角 β ,是地磁场矢量 B 与水平面 xOy 之间的夹角。

(3) 水平分量 $B_{/\!/}$,是地磁场矢量 B 在水平面 xOy 上的投影。

测量地磁场的这三个参量,就可确定某一地点地磁场矢量 B 的方向和大小。当然这三个参量的数值随时间不断地发生改变,但这一变化极其缓慢且改变量极为微弱。表6-8-4给出了我国一些城市的地磁场数据。

表 6-8-4　我国一些城市的地磁场参量

城市	地理位置		磁偏角 α（偏西）	磁倾角 β	磁感应强度水平分量 $B_{/\!/}(10^{-4}\text{T})$	测定年份
	北纬	东经				
齐齐哈尔	47°22′	123°59′	7°34′	64°27′	0.242	1916
长春	43°51′	126°36′	7°30′	60°20′	0.266	1916

| 城市 | 地理位置 | | 磁偏角 α（偏西） | 磁倾角 β | 磁感应强度水平分量 $B_{//}(10^{-4}\text{T})$ | 测定年份 |
	北纬	东经				
沈阳	$41°50'$	$123°28'$	$6°49'$	$58°43'$	0.277	—
北京	$39°56'$	$116°20'$	$4°48'$	$57°23'$	0.289	1936
天津	$39°05'.9$	$117°11'$	$4°04'$	$56°21'$	0.293	1916
太原	$37°51'.9$	$112°33'$	$3°18'$	$55°11'$	0.301	1932
济南	$36°39'.5$	$117°01'$	$3°36'$	$53°06'$	0.308	1915
兰州	$36°03'.4$	$103°48'$	$1°15'$	$53°24'$	0.312	—
郑州	$34°45'$	$113°43'$	$0°18'$	$50°43'$	0.320	1932
西安	$34°16'$	$108°57'$	$3°02'$	$50°29'$	0.323	1932
南京	$32°03'.8$	$118°48'$	$1°42'$	$46°43'$	0.331	1922
上海	$31°11'.5$	$121°26'$	$3°13'$	$45°25'$	0.333	—
成都	$30°38'$	$104°03'$	$0°58'$	$45°06'$	0.346	—
武汉	$30°37'$	$114°20'$	$2°23'$	$44°34'$	0.343	—
安庆	$30°32'$	$117°02'$	—	$44°27'$	0.341	1911
杭州	$30°16'$	$120°08'$	$2°59'$	$44°05'$	0.337	1917
南昌	$28°42'.4$	$115°51'$	$1°51'$	$41°49'$	0.349	1917
长沙	$28°12'.8$	$112°53'$	$0°50'$	$41°11'$	0.352	1907
福州	$26°02'.2$	$119°11'$	$1°43'$	$27°28'$	0.355	1917
桂林	$25°17'.7$	$110°12'$	$0°05'$	$36°13'$	0.366	1907
昆明	$25°04'.2$	$102°42'$	$0°04'$	$35°19'$	0.372	1911
广州	$23°06'.1$	$113°28'$	$0°47'$	$31°41'$	0.375	—

实验 6.9　温度传感器特性研究

温度是表征物体冷热程度的物理量。温度只能通过物体随温度变化的某些特性来间接测量。测温传感器就是将温度信息转换成易于传递和处理的电信号的传感器。测温传感器按照工作原理可分为热电阻式传感器、半导体温度传感器、晶体温度传感器、非接触型温度传感器、热电式传感器、光纤温度传感器、液压温度传感器等。本实验研究金属热电阻的温度特性。

【课前预习】

1. 简述热敏电阻的温度特性。

2. 试设计热敏电阻 U-t 特性曲线的测量电路,并画出电路图。

【实验目的】

1. 了解热敏电阻(NTC)的温度特性及其测温原理。

2. 掌握用单臂电桥和非平衡电桥测量电压信号的原理及其应用。

【实验原理】

热电阻式传感器是利用导电物体的电阻率随温度而变化的效应制成的传感器,简称热电阻。热电阻是中低温区最常用的一种温度检测器。它的主要特点是测量精度高、性能稳定,可分为金属热电阻和半导体热电阻两大类。常用的热电阻有铂电阻、铜电阻和热敏电阻。下面介绍铂电阻和热敏电阻。

1. Pt100 铂电阻

金属铂（Pt）的电阻值会随温度的变化而变化，并且具有很好的重现性和稳定性，因此可以利用铂的此种物理特性制成测温传感器（称为铂电阻）。通常使用的铂电阻在温度为 0℃时的阻值为 100 Ω，电阻变化率为 0.385 1 Ω/℃。铂电阻具有测量精度高、稳定性好、应用温度范围广等特点，是中低温区（−200～650℃）最常用的一种温度检测器，不仅广泛应用于工业测温，还被制成各种标准温度计（涵盖国家和世界基准温度）供计量和校准使用。

根据国际标准 IEC751，铂电阻温度系数 $\alpha = 0.003\ 851℃^{-1}$，Pt100（$R_0 = 100$ Ω）和 Pt1000（$R_0 = 1\ 000$ Ω）为统一设计型铂电阻，温度系数 α 的表达式由 $R = R_0(1 + \alpha t)$ 求得，即

$$\alpha = (R_{100} - R_0)/(R_0 \times 100) = (R_{1\ 000} - R_0)/(R_0 \times 100) \tag{6-9-1}$$

因此，100℃时 Pt100 的标准电阻值 $R_{100} = 138.51$ Ω，100℃时 Pt1000 的标准电阻值 $R_{1\ 000} = 1\ 385.1$ Ω。

Pt100 铂电阻的阻值随温度的变化而发生变化，它们之间满足如下关系：

$$R_t = R_0[1 + At + Bt^2 + C(t - 100)t^3], \quad -200℃ < t < 0 \tag{6-9-2}$$

$$R_t = R_0(1 + At + Bt^2), \quad 0 \leqslant t < 850℃ \tag{6-9-3}$$

式中，R_t 为 t℃时的电阻值；R_0 为 0℃时的电阻值；系数 A、B、C 的值分别为 $A = 3.908\ 02 \times 10^{-3}℃^{-1}$，$B = -5.802 \times 10^{-7}℃^{-2}$，$C = -4.273\ 50 \times 10^{-12}℃^{-4}$。

2. 热敏电阻

热敏电阻是一种阻值对温度变化非常敏感的半导体电阻，它主要有负温度系数热敏电阻和正温度系数热敏电阻两种。负温度系数（negative temperature coefficient，NTC）热敏电阻的电阻率随温度的升高而下降（一般为指数规律）；而正温度系数（positive temperature coefficient，PTC）热敏电阻的电阻率随温度的升高而升高。金属的电阻率则是随温度的升高而缓慢地上升。热敏电阻对于温度的反应要比金属电阻灵敏得多，热敏电阻的体积也可以做得很小，用它制成的半导体温度计，已广泛地应用于各种电子组件和科学仪器中，并在物理、化学和生物学研究等方面得到了广泛的应用。

在一定的温度范围内，半导体的电阻率 ρ 和温度 T 满足如下关系：

$$\rho = A_1 e^{B/T} \tag{6-9-4}$$

式中，A_1 和 B 是与材料物理性质有关的常数；T 为热力学温度。对于截面均匀的热敏电阻，其阻值 R_T 可用下式表示：

$$R_T = \rho \frac{l}{S} \tag{6-9-5}$$

式中，R_T 的单位为 Ω；ρ 的单位为 Ω·cm；l 为两电极间的距离，单位为 cm；S 为电阻的横截面积，单位为 cm^2。将式（6-9-4）代入式（6-9-5），并令 $A = A_1 \dfrac{l}{S}$，于是可得

$$R_T = A e^{B/T} \tag{6-9-6}$$

对一定的电阻而言，A 和 B 均为常数。将式（6-9-6）两边取对数，则有

$$\ln R_T = B \frac{1}{T} + \ln A \tag{6-9-7}$$

式中，R_T 为 T（K）时的电阻值，单位为 Ω；A 为在某温度时的电阻值，单位为 Ω；B 为常数，单位为 K，其值与半导体材料的成分和制造方法有关。由式（6-9-7）可知，$\ln R_T$ 与 $\dfrac{1}{T}$ 呈线性

关系。图 6-9-1 分别给出 NTC 热敏电阻与普通电阻的温度特性曲线。

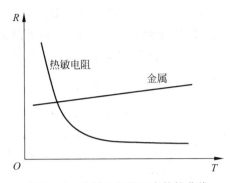

图 6-9-1　热敏电阻的温度特性曲线

3. 热电阻的引线方式

目前热电阻主要有以下三种引线方式。

（1）二线制

如图 6-9-2 所示，在热电阻的两端各连接一根引线来引出电阻信号的方式称为二线制。这种引线方式很简单，但由于连接引线必然存在引线电阻 r，且电阻 r 的大小与引线的材质和长度等因素有关，因此这种引线方式只适用于测量精度较低的场合。

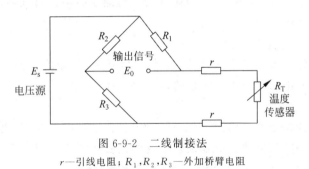

图 6-9-2　二线制接法

r—引线电阻；R_1,R_2,R_3—外加桥臂电阻

（2）三线制

如图 6-9-3 所示，在热电阻的根部的一端连接一条引线，另一端连接两条引线的方式称为三线制。这种方式通常与电桥配套使用，可以较好地消除引线电阻的影响，是工业过程控制中的最常用的测量方法。

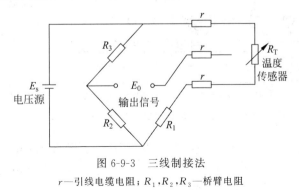

图 6-9-3　三线制接法

r—引线电缆电阻；R_1,R_2,R_3—桥臂电阻

（3）四线制

如图 6-9-4 所示，在热电阻的根部两端各连接两条引线的方式称为四线制。其中两条引线为热电阻提供恒定电流 I，把 R 转换成电压信号 U，再通过另外两条引线把 U 引至二次仪表。可见，这种引线方式可完全消除引线电阻的影响，主要用于高精度温度检测的场合。

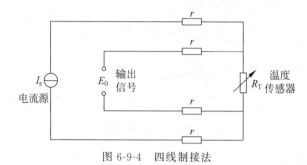

图 6-9-4　四线制接法

本实验采用引线方式的是三线制。测量铂电阻的电路一般采用非平衡电桥，铂电阻作为电桥的一个桥臂电阻，将一条导线接到电桥的电源端，其余两条导线分别接到铂电阻所在的桥臂及其相邻的桥臂上，当桥路平衡时，通过计算可知：

$$R_t = R_1 R_3 / R_2 + r R_1 / R_2 - r \tag{6-9-8}$$

由式（6-9-8）可知，当 $R_1 = R_2$ 时，引线电阻的变化对测量结果没有任何影响，这样就消除了引线电阻带来的测量误差。

【实验方法】

温度只能通过物体随温度变化的某些特性来间接测量，温度传感器是将温度信息转换成易于传递和处理的电信号而进行测量的，属于转换法。

【实验器材】

DH-VC1 型直流恒压源恒流源、DH-SJ5 型温度传感器实验装置、九孔板、数字万用表、电阻、电位器。DH-SJ5 型温度传感器实验装置的面板如图 6-9-5 所示。

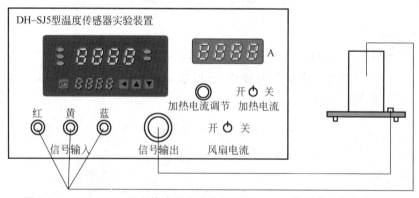

图 6-9-5　DH-SJ5 型温度传感器实验装置面板（Pt100 的插头与温控仪上的插座颜色对应相连，即红→红；黄→黄；蓝→蓝）

九孔板的结构如图 6-9-6 所示。日字型、田字型、一字型的结构中每个插孔都是相互连通的，但任何两个日字型、两个田字型、两个一字型结构之间是不导通的。因此可以用元器件、导线和连接器等连接成需要的电路。

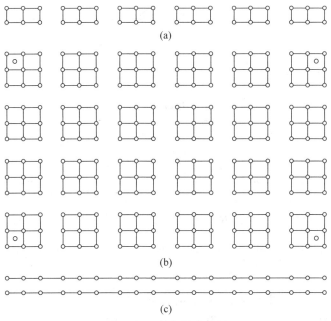

图 6-9-6　九孔板示意图

【实验内容】

1. 利用单臂电桥法测 NTC 热敏电阻升温过程的温度特性

（1）将 Pt100 铂电阻和 NTC 热敏电阻直接插在温度传感器实验装置的恒温炉中。Pt100 铂电阻作为标准温度计使用。

（2）根据实验 5.2 中的单臂电桥原理，按照三线制接法在九孔板上接线组成电桥。将比较臂 R_3 用电位器代替，用 DH-VC1 型直流恒压源恒流源的恒压源来提供稳定的电压源，并将电压调节至 5 V，利用万用表测量输出电压。

（3）将温度传感器作为其中的一个臂，并仔细调节比较臂 R_3 使桥路平衡，即万用表电压示数为零。

（4）打开温度传感器实验装置"加热电流"开关，加热至 100℃，每隔 5℃测一个输出电压值，并将测量数据逐一记录。本实验的 NTC 热敏电阻在 25℃时的阻值为 5 kΩ。

2. 用万用表直接测 NTC 热敏电阻降温过程的温度特性

（1）完成实验内容 1 后，关闭温度传感器实验装置"加热电流"开关。必要时可打开恒温炉风扇，可使之加速降温。

（2）将 NTC 热敏电阻的输出端插入九孔板，用数字万用表直接测量其电阻值。每隔 5℃测一个数据，当温度降至 40℃时停止测量，并将测量数据逐一记录。

【数据记录与处理】

1. 升温过程

（1）将所测得的实验数据记录于表 6-9-1 中。

表 6-9-1　NTC 热敏电阻升温过程数据记录

温度 t/℃									
电压 U/V									

（2）以温度 t 为横轴，以电压 U 为纵轴，按等精度作图的方法，根据表 6-9-1 中的数据作出 U-t 曲线。

2. 降温过程

（1）将所测得的实验数据记录于表 6-9-2 中。

表 6-9-2　NTC 热敏电阻降温过程数据记录

温度 $t/℃$							
温度 T/K							
电阻 $R/kΩ$							

（2）以温度 T 为横轴，以电阻 R 为纵轴，按等精度作图的方法，根据表 6-9-2 中的数据作出 R_T-t 曲线。同时，根据式(6-9-7)作出 $\ln R_T$-$\dfrac{1}{T}$ 曲线，并求出常数 A、B。

【注意事项】

1. 恒温炉在工作过程中切勿触碰，避免烫伤。

2. 升温时，加热电流不宜过大，以免温度升高过快。

【思考题】

1. 实验中的铂电阻 Pt100 起什么作用？

2. 温度升高时，所测得的电压值如何变化？

3. 升温过快会对实验产生什么影响？

【实验拓展】

温度传感器从发明使用至今，对人类社会生活、生产等各方面产生巨大影响。到 21 世纪初，温度传感器的智能化正在迅速向高精度、多功能、总线标准化、高可靠性和安全性发展，而虚拟传感器和网络传感器、芯片温度测量系统等向高科技方向迅速迈进。

1. 工业制造

机械制造、火电与核电、玻璃陶瓷、酿酒、塑料橡胶、烟草、制药、食品、石油化工、水处理、冶金冶炼、轻工纺织等工业行业都需要用到温度传感器。

2. 日常生活

在日常生活中，它的主要应用有人体测温、烤箱、微波炉、空调、热水器等。人体测温是温度传感器最常用的应用，水银温度计的测量时间慢，同时水银对人体有很大的危害，而电子体温计利用某些物质的物理参数，例如电阻、电压、电流与环境温度之间的一定关系，以数字形式显示人体温度，且读数清晰、便于携带。

3. 医用器材

最常见的应用是氧气呼吸机的温度检测，监测室、扩散灯、油冷式电动机及吸入式麻醉机的温度测量和控制，血液分析仪对血液的分析检测等方面。

在医疗领域中，无线温度传感器可始终用于监视患者，尤其是在需要隔离的病房中。这样可以减轻医务人员的工作负担，并减少去病房和避免病房出诊的次数，从而避免感染。

4. 环境保护

随着社会的不断进步和发展，人们对环境的要求越来越高。无线温度传感器可用于了解土壤、大气层和森林的温度变化,还可以监控污染区域的温度变化。此外,温度数据可用于了解动物的迁徙和生活习惯,或植物生长环境的变化。这为环境与生态研究做出了极其重要的贡献。

实验6.10 利用霍耳效应测量磁场

霍耳效应是美国物理学家霍耳在1879年发现的。霍耳在研究载流导体在磁场中所受力的性质时,发现了一种磁电效应,即如果在电流的垂直方向上加一磁场,则在与电流和磁场都垂直的方向上将建立一个电场,即产生一定的电位差。半导体的霍耳效应比导体明显得多,随着半导体材料和技术的发展,霍耳效应的应用得到了迅速的发展,利用这个效应制成的霍耳元件在科学技术领域得到广泛的应用。

【课前预习】

1. 了解什么是霍耳效应?
2. 霍耳电压的大小和方向与哪些因素有关?
3. 实验中采用什么方法消除副效应?

【实验目的】

1. 了解产生霍耳效应的基本原理。
2. 学习利用霍耳效应测量磁场的原理和方法。

【实验原理】

1. 霍耳效应

如图6-10-1所示,将一长方形半导体薄片置于磁场中,薄片平面的法线方向与磁场方向一致,沿片长方向通以电流,则在A、B两侧面将产生电位差 $U_H = U_A - U_B$。其中,U_H 称为霍耳电压,该薄片称为霍耳片。

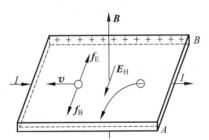

图6-10-1 载流子为电子的半导体材料的霍耳效应示意图

设磁场中的霍耳片是由n型半导体材料制成的,通电后材料中的载流子(电子)运动方向与电流 I 的方向相反,当磁场 $\boldsymbol{B}$ 的方向与霍耳片法线方向一致时,运动电子受到洛仑兹力 $\boldsymbol{f}_B$ 的作用,有

$$f_B = -e\boldsymbol{v} \times \boldsymbol{B} \tag{6-10-1}$$

式中,e 为电子电荷;$\boldsymbol{v}$ 为电子的运动速度(取平均速度);$\boldsymbol{B}$ 为磁感应强度。此力在薄片内指向 A 侧,造成电子运动轨迹的偏转,部分电子积聚于 A 面上,在 B 面上则出现等量的正电荷。这种电荷的积累在薄片中形成霍耳电场 $\boldsymbol{E}_H$,而该电场 $\boldsymbol{E}_H$ 又会对运动电子施加一

个与洛仑兹力相反的力 f_E，有

$$f_E = -eE_H \tag{6-10-2}$$

开始时，$f_E < f_B$，电子向 A 侧继续积累，但同时 f_E 逐渐增大，直至 $f_E = f_B$，电子的积累达到动态平衡，A、B 间形成稳定的霍耳电场，并产生一电位差——霍耳电压。

理论及实验均可证明，霍耳电压 U_H 与磁感应强度 B 及通过的电流强度 I 成正比，即

$$U_H = K_H \cdot I \cdot B \tag{6-10-3}$$

式中，K_H 称为霍耳片的灵敏度，其大小与霍耳片的材料性质（种类、载流子浓度等）及尺寸（厚度）有关，对一个确定的半导体霍耳片，K_H 是一常数，可用实验方法测定。它表示霍耳片在单位磁感应强度和单位工作电流强度下的霍耳电压的大小，其单位是 $\mathrm{mV/(mA \cdot T)}$ 或 $\mathrm{V/(A \cdot T)}$。

2. 实验中的一些副效应及消除方法

实验中，由于元件材料与电极材料不同，电极与材料间不是理想的欧姆接触，且载流子运动速度是按一定的统计规律分布的，因此，在测量过程中，实际上测得的并不仅仅是 U_H，还包括其他因素（副效应）引起的附加电压，从而引入测量误差。必须设法消除附加电压。主要出现的副效应有：

（1）厄廷豪森效应

由于载流子的速度不同，它们在磁场的作用下，受到的洛仑兹力也不同，速度大的载流子受到的洛仑兹力大，绕大圆轨道运动，速度小的载流子则绕小圆轨道运动，这样导致霍耳片的一端较另一端具有更多的能量，从而形成一个横向的温度梯度，在 A、B 两端出现温差电压 U_T，这个电压的正、负与电流 I 和磁感应强度 B 的方向有关。

（2）能斯脱效应

由于输入电流端引线的焊点 M、N 处的电阻不相等，通电后发热程度不同，使 M、N 两端间存在温度差，于是在 M 和 N 间出现热扩散电流；在磁场的作用下，在 A、B 两端出现横向电场。由此产生附加电压 U_N，这个电压的正、负只与磁感应强度 B 的方向有关，和电流 I 的方向无关。

（3）里纪-勒杜克效应

由于热扩散电流的载流子的迁移率不同，类似于厄廷豪森效应中载流子速度不同，也将形成一个横向的温度梯度；该温度梯度在 A、B 两端也出现温差电压，用 U_R 表示；U_R 的正、负只与磁感应强度 B 的方向有关，和电流 I 的方向无关。

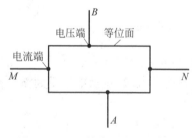

图 6-10-2　不等位电位差示意图

以上三种效应可归属于热磁效应。此外，由于制作霍耳片的材料本身不均匀，以及电压输出端引线在制作时不可能绝对对称地焊接在霍耳片的两侧，如图 6-10-2 所示，因此，当电流 I 流过霍耳片时，A、B 两电极处于不同的等位面上，这时即使不加磁场，A、B 两极间也存在着电位差，称为不等位电位差 U_0。U_0 的正、负只与电流 I 的方向有关。

综上所述，在确定的电流 I 和磁场 B 的条件下，实测的 A、B 两端的电压 U，不只是霍耳电压 U_H，还包括附加电压 U_T、U_N、U_R 和 U_0 等。即

$$U = U_{\mathrm{H}} + U_{\mathrm{T}} + U_{\mathrm{N}} + U_{\mathrm{R}} + U_0 \tag{6-10-4}$$

附加电压将大大影响了测量的精确度,必须设法消除。由于这些附加电压的正、负和电流 I 或磁感应强度 B 的方向有关,测量时通过改变 I 和 B 的方向,可以消除这些附加电压的影响。具体方法如下。

当($+B$,$+I$)时测得,$U_1 = U_{\mathrm{H}} + U_{\mathrm{T}} + U_{\mathrm{N}} + U_{\mathrm{R}} + U_0$;

当($+B$,$-I$)时测得,$U_2 = -U_{\mathrm{H}} - U_{\mathrm{T}} + U_{\mathrm{N}} + U_{\mathrm{R}} - U_0$;

当($-B$,$-I$)时测得,$U_3 = U_{\mathrm{H}} + U_{\mathrm{T}} - U_{\mathrm{N}} - U_{\mathrm{R}} - U_0$;

当($-B$,$+I$)时测量,$U_4 = -U_{\mathrm{H}} - U_{\mathrm{T}} - U_{\mathrm{N}} - U_{\mathrm{R}} + U_0$。

由上述四式得,$(U_1 - U_2) + (U_3 - U_4) = 4(U_{\mathrm{H}} + U_{\mathrm{T}})$。因此有

$$U_{\mathrm{H}} = \frac{1}{4}(U_1 - U_2 + U_3 - U_4) - U_{\mathrm{T}} \tag{6-10-5}$$

这样处理,除厄廷豪森效应所引起的附加电压外,其他的附加电压都被消除了。由于一般 $U_{\mathrm{H}} \gg U_{\mathrm{T}}$ 可以略去,所以

$$U_{\mathrm{H}} = \frac{1}{4}(U_1 - U_2 + U_3 - U_4) \tag{6-10-6}$$

【实验方法】

测量磁场的方法很多,如电磁感应法、磁光效应法、核磁共振法以及霍耳效应法等。其中霍耳效应法采用半导体材料构成的霍耳片作为传感元件,把磁信号转换为电信号。

【实验器材】

螺线管内外磁场测定装置、霍耳效应专用电源等。

1. 螺线管内外磁场测定装置

如图 6-10-3 所示,它是由长直螺线管、霍耳片(贴在移动尺前端)、水平移动尺、励磁电流 I_{M} 转换开关、工作电流 I_{S} 转换开关、霍耳电压 U_{H} 和输入电压 U_{σ} 转换开关组成。调节水平移动尺,可测量螺线管内各点的磁感应强度。

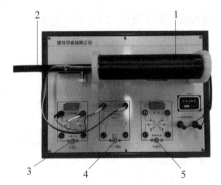

图 6-10-3 HLZ-1 螺线管内外磁场测定装置

1—长直螺线管;2—水平移动尺;3—工作电流 I_{S} 转换开关;4—霍耳电压 U_{H} 和输入电压 U_{σ} 转换开关;5—励磁电流 I_{M} 转换开关

2. 霍耳效应专用电源

专用电源由励磁恒流源 I_{M},样品工作恒流源 I_{S},U_{H}、U_{σ} 测量,以及用于显示其数值数字电流表、数字电压表等单元组成,仪器面板分布图见图 6-10-4。

图 6-10-4   HLZ-1 螺线管内外磁场测定装置

"霍耳电流"和"电流调节"两旋钮分别用来控制样品工作电流和励磁电流大小,其电流值随旋钮顺时针方向转动而增加,调节精度分别为 10 和 1。"U_H、U_σ 测量"为霍耳电压 U_H 和输入电压 U_σ 测量,通过转换开关在数字电压表上分别显示 U_H、U_σ 的测量值。

【实验内容】

1. 测定霍耳片灵敏度 K_H

按实验要求连接线路。"I_M 输入""I_S 输入"和"U_H、U_σ 输出"三对接线柱分别与霍耳效应专用电源对应接线端相连。将霍耳探头置于螺线管中部,霍耳片平面应与螺线管轴线垂直。仪器开机前,先将"霍耳电流","电流调节"旋钮逆时针旋到底,使 I_S、I_M 输出为最小值。打开电源,预热数分钟后可进行实验。调节螺线管励磁电流 I_M,并固定于某一适当值,一般不大于 1 A。调节霍耳片工作电流 I_S,使之从零到额定值间取一系列值,通过转换开关改变工作电流和励磁电流的方向,按式(6-10-6)要求测出相应的霍耳电压 U_1、U_2、U_3、U_4。

2. 利用霍耳效应测定螺线管内的磁场分布

实验线路同 1,固定螺线管励磁电流,使螺线管内磁场恒定。调节霍耳片的工作电流至某一恰当的值后固定不变。调节水平移动尺,按式(6-10-6)要求测量霍耳探头在螺线管内不同位置时的霍耳电压 U_1、U_2、U_3、U_4。调节霍耳探头位置时,靠螺线管中心处适当少取几点,两端附近多取几点,以便使磁感应强度分布曲线弯曲处描绘准确。

【数据记录与处理】

1. 测定霍耳片灵敏度 K_H

(1) 由 $U_H = \dfrac{1}{4}(U_1 - U_2 + U_3 - U_4)$ 计算,将测试结果及计算结果填入表 6-10-1 内。

表 6-10-1   测定霍耳片灵敏度 K_H $I_M = $ _____

I_S/mA	0						
U_1/mV							
U_2/mV							
U_3/mV							
U_4/mV							
U_H/mV							

(2) 作出 U_H-I 曲线,由其斜率和螺线管磁感强度 B 求出 K_H。螺线管中部磁感应强度由下式计算:

$$B = \mu_0 \frac{N}{\sqrt{L^2 + D^2}} \cdot I_{\mathrm{M}}$$

式中,μ_0 为真空磁导率,$\mu_0 = 4\pi \times 10^{-7}$ Wb/(A·m);L 为螺线管长度,单位为 m;D 为螺线管线圈平均直径,单位为 m;N 为螺线管线圈总匝数;I_{M} 为螺线管励磁电流,单位为 A。

2. 利用霍耳效应测定螺线管内的磁场分布

(1)将测试数据及计算结果填入表 6-10-2 中。

表 6-10-2　测定螺线管内的磁场分布

$I_{\mathrm{M}} = $ _____;$I_{\mathrm{S}} = $ _____

x/cm	0							
U_1/mV								
U_2/mV								
U_3/mV								
U_4/mV								
U_{H}/mV								
B/T								

(2)利用前面已求出的霍耳片灵敏度 K_{H},便可求得螺线管内磁场的分布。取螺线管中心为坐标原点,画出螺线管内部磁感应强度分布曲线。

【注意事项】

1. 千万不要将 I_{M} 和 I_{S} 接错,否则将烧坏霍耳片。

2. 霍耳片是易损元件,霍耳探头进出螺线管的管口时不要与其他部件发生碰撞,以免损坏。

3. 通过霍耳片的电流不得超过其额定值,否则它将烧坏。

4. 霍耳片对温度很敏感,当温度改变时,霍耳片灵敏度会改变,为了不使螺线管内过热,在记录数据时,应断开励磁电流。

5. 关机前,将"I_{M} 调节","I_{S} 调节"旋钮逆时针旋到底,此时,对应的数字电流表读数为"000",然后切断电源。

【思考题】

1. 什么是霍耳效应,利用霍耳效应测磁场需要测量哪些物理量?

2. 如果半导体材料是 p 型的(载流子为带正电的空穴),所得的结果将如何?图示说明之(参考图 6-10-1)。

3. 如果霍耳片与磁场方向不垂直,测得结果会有何问题?如何修正?

4. 如何将霍耳片放在螺线管中部?

【实验拓展】

霍耳效应可用来测量半导体中载流子的数密度、迁移率等参量。霍耳元件作为一种微型的探测头,还可以方便地测量空间某一点或缝隙中的磁场。各种霍耳元件已广泛应用于精密测磁、自动化控制、通信、计算机、航天航空等工业部门及国防领域。按被检测的对象的性质可将它们的应用分为直接应用和间接应用。直接应用是直接检测出受检测对象本身的磁场或磁特性,间接应用是检测受检对象上人为设置的磁场,用这个磁场来作被检测的信息的载体,通过它将许多非电、非磁的物理量,如力、力矩、压力、应力、位置、位移、速度、加速度、角度、角速度、转数、转速以及工作状态发生变化的时间等,转变成电荷量来进行检测和控制。

实验 6.11　准稳态法测热导率和比热容

　　热传导是热传递三种基本方式之一。热导率(也称导热系数)定义为单位温度梯度下每单位时间内由单位面积传递的热量,单位为 W/(m·K)。它表征物体导热能力的大小。热导率与材料的种类、物质的结构、湿度有关,对同一种材料,热导率还和材料所处的温度有关。

　　比热是单位质量物质的热容量。单位质量的某种物质,在温度升高(或降低)1 K 时所吸收(或放出)的热量,叫做这种物质的比热容,单位为 J/(kg·K)。比热是物质的一种特性,它不随外界条件的变化而变化,只与物质的种类和物质的状态有关。同一物质的比热一般不随质量、形状的变化而变化。可以用比热的不同来粗略地鉴别不同的物质。

【课前预习】

　　1. 什么是稳态法和准稳态法?

　　2. 热电偶温度传感器的测温原理。

　　3. 样品放进样品架过程中要注意哪些事项?

【实验目的】

　　1. 了解准稳态法测量热导率和比热的原理。

　　2. 学习热电偶测量温度的原理和使用方法。

　　3. 用准稳态法测量不良导体的热导率和比热。

【实验原理】

1. 准稳态法测量原理

　　按物体温度是否随时间变化,热量传递过程可分为稳态过程和非稳态过程两大类。凡是物体中各点温度不随时间改变的传热过程均称为稳态传热;反之则称为非稳态热传递过程。准稳态是指物质内各个点的温升速率相同且保持不变,样品内两点间温差恒定。以往测量热导率和比热的方法大都用稳态法,使用稳态法要求温度和热流量均要稳定,但在实验中实现这样的条件比较困难,因而导致测量的重复性、稳定性、一致性差,误差大。为了克服稳态法测量的误差,这里使用了一种新的测量方法——准稳态法,使用准稳态法只要求温差恒定和温升速率恒定,而不必通过长时间的加热达到稳态,就可通过简单计算得到热导率和比热容。

　　考虑如图 6-11-1 所示的一维无限大导热模型:一无限大不良导体平板厚度为 $2R$,初始温度为 t_0,现在平板两侧同时施加均匀的指向中心面的热流密度 q_c,则平板各处的温度 $t(x,\tau)$ 将随加热时间 τ 而变化。

　　以试样中心为坐标原点,上述模型的数学描述可表达如下:

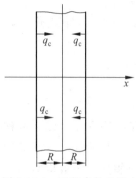

图 6-11-1　理想中的无限大
　　　　　不良导体平板

$$\begin{cases} \dfrac{\partial t(x,\tau)}{\partial \tau} = a\,\dfrac{\partial^2 t(x,\tau)}{\partial x^2} \\[3mm] \dfrac{\partial t(R,\tau)}{\partial x} = \dfrac{q_c}{\lambda}, \quad \dfrac{\partial t(0,\tau)}{\partial x} = 0 \\[3mm] t(x,0) = t_0 \end{cases}$$

式中，$a = \lambda/\rho c$，λ 为材料的热导率，ρ 为材料的密度，c 为材料的比热容。可以给出此方程的解为(参见附录)：

$$t(x,\tau) = t_0 + \frac{q_c}{\lambda}\left(\frac{a}{R}\tau + \frac{1}{2R}x^2 - \frac{R}{6} + \frac{2R}{\pi^2}\sum_{n=1}^{\infty}\frac{(-1)^{n+1}}{n^2}\cos\frac{n\pi}{R}x \cdot \mathrm{e}^{-\frac{an^2\pi^2}{R^2}\tau}\right) \quad (6\text{-}11\text{-}1)$$

考察 $t(x,\tau)$ 的解析式(6-11-1)可以看到，随加热时间的增加，样品各处的温度将发生变化，并注意到式中的级数求和项由于指数衰减的原因，会随加热时间的增加而逐渐变小，直至所占份额可以忽略不计。

定量分析表明，当 $\dfrac{a\tau}{R^2} > 0.5$ 以后，上述级数求和项可以忽略。这时式(6-11-1)变成：

$$t(x,\tau) = t_0 + \frac{q_c}{\lambda}\left[\frac{a\tau}{R} + \frac{x^2}{2R} - \frac{R}{6}\right] \quad (6\text{-}11\text{-}2)$$

这时，在试件中心处有 $x=0$，因而有

$$t(x,\tau) = t_0 + \frac{q_c}{\lambda}\left[\frac{a\tau}{R} - \frac{R}{6}\right] \quad (6\text{-}11\text{-}3)$$

在试件加热面处有 $x=R$，因而有

$$t(x,\tau) = t_0 + \frac{q_c}{\lambda}\left[\frac{a\tau}{R} + \frac{R}{3}\right] \quad (6\text{-}11\text{-}4)$$

由式(6-11-3)和式(6-11-4)可见，当加热时间满足条件 $\dfrac{a\tau}{R^2} > 0.5$ 时，在试件中心面和加热面处温度和加热时间呈线性关系，温升速率同为 $\dfrac{aq_c}{\lambda R}$，此值是一个与材料导热性能和实验条件有关的常数，此时加热面和中心面间的温度差为

$$\Delta t = t(R,\tau) - t(0,\tau) = \frac{1}{2}\frac{q_c R}{\lambda} \quad (6\text{-}11\text{-}5)$$

由式(6-11-5)可以看出，此时加热面和中心面间的温度差 Δt 和加热时间 τ 没有直接关系，保持恒定。系统各处的温度和时间是线性关系，温升速率也相同，我们称此种状态为准稳态。

当系统达到准稳态时，由式(6-11-5)得到材料的热导率为

$$\lambda = \frac{q_c R}{2\Delta t} \quad (6\text{-}11\text{-}6)$$

根据式(6-11-6)，只要测量出进入准稳态后加热面和中心面间的温度差 Δt，并由实验条件确定相关参量 q_c 和 R，则可以得到待测材料的热导率 λ。另外在进入准稳态后，由比热容的定义和能量守恒关系，可以得到下列关系式

$$q_c = c\rho R\,\frac{\mathrm{d}t}{\mathrm{d}\tau} \quad (6\text{-}11\text{-}7)$$

比热容为

$$c = \frac{q_c}{\rho R \dfrac{\mathrm{d}t}{\mathrm{d}\tau}}　\hspace{4em}(6\text{-}11\text{-}8)$$

式中，$\dfrac{\mathrm{d}t}{\mathrm{d}\tau}$ 为准稳态条件下试件中心面的温升速率（进入准稳态后各点的温升速率是相同的）。

由以上分析可以得到结论，只要在上述模型中测量出系统进入准稳态后加热面和中心面间的温度差和中心面的温升速率，即可由式（6-11-6）和式（6-11-8）得到待测材料的热导率和比热容。

2. 热电偶温度传感器

热电偶结构简单，具有较高的测量准确度，可测温度范围为 $-50\sim1\,600\,℃$，在温度测量中应用极为广泛。

由 A、B 两种不同的导体两端相互紧密地连接在一起，组成一个闭合回路，如图 6-11-2(a) 所示。当两接点温度不等（$T > T_0$）时，回路中就会产生电动势，从而形成电流，这一现象称为热电效应，回路中产生的电动势称为热电势。

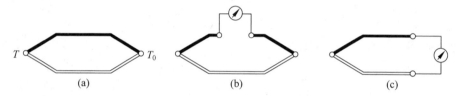

图 6-11-2　热电偶原理及接线示意图

上述两种不同导体的组合称为热电偶，A、B 两种导体称为热电极。两个接点，一个称为工作端或热端（T），测量时将它置于被测温度场中，另一个称为自由端或冷端（T_0），一般要求测量过程中恒定在某一温度。

理论分析和实践证明，热电偶有如下基本定律。

热电偶的热电势仅取决于热电偶的材料和两个接点的温度，而与温度沿热电极的分布以及热电极的尺寸与形状无关（热电极的材质要求均匀）。

在 A、B 材料组成的热电偶回路中接入第三导体 C，只要引入的第三导体两端温度相同，则对回路的总热电势没有影响。在实际测温过程中，需要在回路中接入导线和测量仪表，相当于接入第三导体，常采用图 6-11-2(b) 或(c)的接法。

热电偶的输出电压与温度并非线性关系。对于常用的热电偶，其热电势与温度的关系由热电偶特性分度表给出。测量时，若冷端温度为 $0\,℃$，由测得的电压，通过对应分度表，即可查得所测的温度。若冷端温度不为零，则通过一定的修正，也可得到对应的温度值。在智能式测量仪表中，将有关参数输入计算程序，则可将测得的热电势直接转换为温度显示。

【实验方法】

利用热电效应将非电学量（温度）转换为电学量（电压）进行测量。

【实验器材】

（1）ZKY-BRDR 型准稳态法比热、热导率测定仪。

（2）实验装置 1 套，实验样品 2 套（橡胶和有机玻璃，每套各 4 块），加热板 2 块，热电偶 2 只，导线若干，保温杯 1 个。

1．设计考虑

仪器设计必须尽可能满足理论模型。无限大平板条件是无法满足的,实验中总是要用有限尺寸的试件来代替。根据实验分析,当试件的横向尺寸大于试件厚度的6倍以上时,可以认为传热方向只在试件的厚度方向进行。

为了确定加热面的热流密度 q_c,我们利用超薄型加热器作为热源,其加热功率在整个加热面上均匀并可精确控制,加热器本身的热容可忽略不计。被测样件的安装原理如图6-11-3所示,为了在加热器两侧得到相同的热阻,采用4个样品块的配置,可认为热流密度为功率密度的一半。

为了精确地测量出样品的温度和温差,用两个分别放置在加热面和中心面中心部位的热电偶作为传感器来测量温差和温升速率。

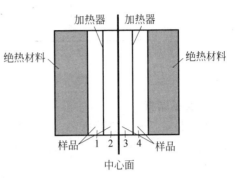

图 6-11-3　被测样件的安装

实验仪主要包括主机和实验装置,另有一个保温杯用于保证热电偶的冷端温度在实验中保持一致。

2．主机

主机是控制整个实验操作并读取实验数据的装置,主机前后面板如图6-11-4(a)和(b)所示。

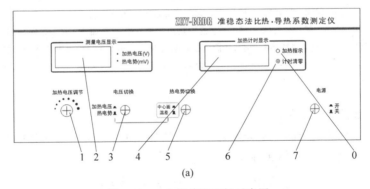

(a)

图 6-11-4　主机前后面板示意图

（a）前面板；（b）后面板

0—加热指示灯:指示加热控制开关的状态。亮表示正在加热,灭表示加热停止;1—加热电压调节:调节加热电压的大小(范围:16.00～19.99 V);2—测量电压显示:显示"加热电压(V)"和"热电势(mV)"的大小;3—电压切换:在加热电压和热电势之间切换,同时测量电压显示指示相应的电压大小;4—加热计时显示:显示加热的时间,前两位表示分,后两位表示秒,最大显示99:59;5—热电势切换:在中心面热电势(实际为中心面—室温的温差热电势)和中心面—加热面的温差热电势之间切换,同时测量电压显示指示相应的热电势数值;6—清零:当不需要当前计时显示数值而需要重新计时时,可按此键实现清零;7—电源开关:打开或关闭实验仪器电源;8—电源插座:接220 V,1.25 A的交流电源;9—控制信号:为放大盒及加热薄膜提供工作电压;10—热电势输入:将传感器感应的热电势输入到主机;11—加热控制:控制加热的开关

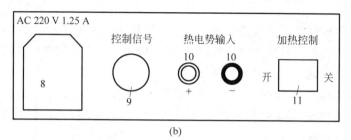

(b)

图 6-11-4（续）

3. 实验装置

实验装置是安放实验样品和通过热电偶测温并放大感应信号的平台。实验装置采用了卧式插拔组合结构，具有直观，稳定，便于操作，易于维护等特点，如图 6-11-5 所示。

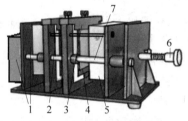

图 6-11-5 实验装置

1—放大盒：将热电偶感应的电压信号放大并将此信号输入到主机；2—中心面横梁：承载中心面的热电偶；3—加热面横梁：承载加热面的热电偶；4—加热薄膜：给样品加热；5—隔热层：防止加热样品时散热，从而保证实验精度；6—螺杆旋钮：推动隔热层压紧或松动实验样品和热电偶；7—锁定杆：实验时锁定横梁，防止未松动螺杆取出热电偶导致热电偶损坏

4. 接线原理图及接线说明

实验时，将 2 只热电偶的热端分别置于样品的加热面和中心面，冷端置于保温杯中，接线方法及测量原理如图 6-11-6 所示。

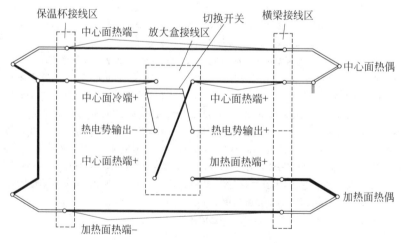

图 6-11-6 接线方法及测量原理图

放大盒的两个"中心面热端＋"相互短接再与横梁的中心面热端"＋"相连(绿—绿—绿),"中心面冷端＋"与保温杯的"中心面冷端＋"相连(蓝—蓝),"加热面热端＋"与横梁的加热面热端"＋"相连(黄—黄),"热电势输出—"和"热电势输出＋"则与主机后面板的"热电势输入—"和"热电势输出＋"相连(红—红,黑—黑)。

横梁的两个"—"端分别与保温杯上相应的"—"端相连(黑—黑)。

后面板上的"控制信号"与放大盒侧面的七芯插座相连。

主机面板上的热电势切换开关相当于图 6-11-6 中的切换开关,开关合在上边时测量的是中心面热电势(中心面与室温的温差热电势),开关合在下边时测量的是加热面与中心面的温差热电势。

【实验内容】

1. 安装样品并连接各部分联线

戴好手套(手套自备)进行操作,以尽量保证 4 个实验样品初始温度保持一致。将冷却后的样品放进样品架中。热电偶的测温端应保证置于样品的中心位置,防止由于边缘效应影响测量精度。

注意　两个热电偶之间、中心面与加热面的位置不要放错,根据图 6-11-3 所示,中心面横梁的热电偶应该放到样品 2 和样品 3 之间,加热面热电偶应该放到样品 3 和样品 4 之间;同时要注意热电偶不要嵌入到加热薄膜里,然后旋动旋钮以压紧样品。

在保温杯中加入自来水,水的容量约在保温杯容量的 3/5 为宜。根据实验要求连接好各部分连线(其中包括主机与样品架放大盒,放大盒与横梁,放大盒与保温杯,横梁与保温杯之间的连线)。

在保温杯中加水时应注意,不能将杯盖倒立放置,否则杯盖上热电偶处残留的水将倒流到内部接线处,导致接线处生锈,从而影响仪器性能和使用寿命。

2. 设定加热电压

检查各部分接线是否有误,同时检查后面板上的"加热控制"开关处于关闭状态(若已开机,可以根据前面板上加热计时指示灯的亮和不亮来确定,亮表示加热控制开关打开,不亮表示加热控制开关关闭),否则,应立即将其关闭。

开机后,先让仪器预热 10 min 左右再进行实验。在记录实验数据前,应先设定所需要的加热电压,步骤为:先将"电压切换"钮按到"加热电压"档位,再用"加热电压调节"旋钮来调节所需要的电压(参考加热电压:18 V)。

3. 测定样品的温度差和温升速率

将测量电压显示调到"热电势"的"温差"档位,如果显示温差绝对值小于 0.004 mV,就可以开始加热了,否则应等到显示降到小于 0.004 mV 再加热。(如果实验要求精度不高,显示在 0.010 mV 左右也可以,但不能太大,以免降低实验的准确性。)

保证上述条件后,打开"加热控制"开关并开始测量,数据记入表 6-11-1 中。记数时,建议每隔 1 min 分别记录一次中心面热电势和温差热电势,这样便于后面的计算。一次实验时间最好在 25 min 之内完成,一般在 15 min 左右为宜。

当记录完一次数据需要换样品进行下一次实验时,其操作顺序是:关闭加热控制开关→关闭电源开关→旋螺杆以松动实验样品→取出实验样品→取下热电偶传感器→取出加热薄膜冷却。

注意 （1）在取样品时，必须先将中心面横梁热电偶取出，再取出实验样品，最后取出加热面横梁热电偶。

（2）严禁以热电偶弯折的方法取出实验样品，这样将会大大减小热电偶的使用寿命。

【数据记录与处理】

准稳态的判定原则是温差热电势和温升热电势趋于恒定。实验中有机玻璃一般在 $8 \sim$ 15 min，橡胶一般在 $5 \sim 12$ min，处于准稳态状态。利用表 6-11-1 中的数据获得准稳态时的温差热电势 U_t 值和每分钟温升热电势 ΔU 值。铜-康铜热电偶的热电常数为 0.04 mV/K，即温度每相差 1 K，温差热电势为 0.04 mV。据此可将温差热电势和温升热电势值换算为温度值，利用下式计算温度差和升温速率。温度差和温升速率分别为

$$\Delta t = \frac{U_t}{0.04}(\text{K}), \qquad \frac{\mathrm{d}t}{\mathrm{d}\tau} = \frac{\Delta U}{60 \times 0.04}(\text{K/s})$$

然后由式(6-11-6)和式(6-11-8)计算最后的热导率和比热容数值。式(6-11-6)和式(6-11-8)中各参量为：样品厚度 $R = 0.010$ m，有机玻璃密度 $\rho = 1\,196$ kg/m^3，橡胶密度 $\rho = 1\,374$ kg/m^3。

表 6-11-1　热导率及比热测定

时间 τ/min	1	2	3	4	5	6	7	8	9	10	11	12	13	14	15
温差热电势 U_t/mV															
中心面热电势 U/mV															
每分钟温升热电势 $\Delta U = (U_{n+1} - U_n)$ /(mV·min^{-1})	—														

热流密度

$$q_c = \frac{U^2}{2Fr}(\text{W/m}^2)$$

式中，U 为两并联加热器的加热电压，$F = A \times 0.09$ m $\times 0.09$ m 为边缘修正后的加热面积，A 为修正系数，对于有机玻璃和橡胶，$A = 0.85$，$r = 110$ Ω 为每个加热器的电阻。

【实验拓展】

目前热导率的测定方法分为稳态法和瞬态法（也叫非稳态法）两大类。稳态热流法包括热流法、保护热流法、保护热板法等。稳态法的原理简单，成本低廉，操作简便，但实验周期较长。在普通的实验室或简单的工程中，广泛使用稳态法。稳态法适合在中等温度下测量的热导率材料，如岩土、塑料、橡胶、玻璃、绝热保温材料等低热导率材料。

非稳态法包括闪光法，热线法等。非稳态法是最近几十年内开发的热导率测量方法，用于研究中、高热导率材料，或在高温度条件下进行测量。瞬态法的特点是测量速度快、测量范围宽（最高能达到 2 000℃）、样品制备简单，适用于金属、石墨烯、合金、陶瓷、粉末、纤维等同质均匀的材料。

【附录】

热传导方程的求解

在要求的实验条件下，以试样中心为坐标原点，温度 t 随位置 x 和时间 τ 的变化关系

$t(x,\tau)$ 可用如下的热传导方程及边界，初始条件描述

$$\begin{cases} \dfrac{\partial t(x,\tau)}{\partial \tau} = a\,\dfrac{\partial^2 t(x,\tau)}{\partial x^2} \\[2mm] \dfrac{\partial t(R,\tau)}{\partial x} = \dfrac{q_c}{\lambda}, \quad \dfrac{\partial t(0,\tau)}{\partial x} = 0 \\[2mm] t(x,0) = t_0 \end{cases} \qquad (6\text{-}11\text{-}9)$$

式中，$a = \lambda/\rho c$，λ 为材料的热导率，ρ 为材料的密度，c 为材料的比热，q_c 为从边界向中间施加的热流密度，t_0 为初始温度。

为求解方程式(6-11-9)，应先作变量代换，将式(6-11-9)的边界条件换为齐次的，同时使新变量的方程尽量简洁，故此设

$$t(x,\tau) = u(x,\tau) + \frac{aq_c}{\lambda R}\tau + \frac{q_c}{2\lambda R}x^2 \qquad (6\text{-}11\text{-}10)$$

将式(6-11-10)代入式(6-11-9)，得到 $u(x,\tau)$ 满足的方程及边界，初始条件

$$\begin{cases} \dfrac{\partial u(x,\tau)}{\partial \tau} = a\,\dfrac{\partial^2 u(x,\tau)}{\partial x^2} \\[2mm] \dfrac{\partial u(R,\tau)}{\partial x} = 0, \quad \dfrac{\partial u(0,\tau)}{\partial x} = 0 \\[2mm] u(x,0) = t_0 - \dfrac{q_c}{2\lambda R}x^2 \end{cases} \qquad (6\text{-}11\text{-}11)$$

用分离变量法解方程式(6-11-11)，设

$$u(x,\tau) = X(x) \cdot T(\tau) \qquad (6\text{-}11\text{-}12)$$

代入式(6-11-11)中第 1 个方程后得出变量分离的方程

$$T'(\tau) + a\beta^2 T(\tau) = 0 \qquad (6\text{-}11\text{-}13)$$

$$X''(x) + \beta^2 X(x) = 0 \qquad (6\text{-}11\text{-}14)$$

式中，β 为待定常数。方程式(6-11-13)的解为

$$T(\tau) = \mathrm{e}^{-a\beta^2 \tau} \qquad (6\text{-}11\text{-}15)$$

方程式(6-11-14)的通解为

$$X(x) = (c\cos\beta + c'\sin\beta)x \qquad (6\text{-}11\text{-}16)$$

为使式(6-11-12)是方程式(6-11-11)的解，式(6-11-16)中的 c,c',β 的取值必须使 $X(x)$ 满足方程式(6-11-11)的边界条件，即必须 $c'=0$，$\beta = n\pi/R$。由此得到 $u(x,\tau)$ 满足边界条件的 1 组特解

$$u_n(x,\tau) = c_n \cos\frac{n\pi}{R}x \cdot \mathrm{e}^{-\frac{an^2\pi^2}{R^2}\tau} \qquad (6\text{-}11\text{-}17)$$

将所有特解求和，并代入初始条件，得

$$\sum_{n=0}^{\infty} c_n \cos\frac{n\pi}{R}x = t_0 - \frac{q_c}{2\lambda R}x^2 \qquad (6\text{-}11\text{-}18)$$

为满足初始条件，令 c_n 为 $t_0 - \dfrac{q_c}{2\lambda R}x^2$ 的傅氏余弦展开式的系数

$$c_0 = \frac{1}{R} \int_0^R \left(t_0 - \frac{q_c}{2\lambda R} x^2 \right) \mathrm{d}x$$

$$= t_0 - \frac{q_c R}{6\lambda} \tag{6-11-19}$$

$$c_n = \frac{2}{R} \int_0^R \left(t_0 - \frac{q_c}{2\lambda R} x^2 \right) \cos \frac{n\pi}{R} x \, \mathrm{d}x$$

$$= (-1)^{n+1} \frac{2q_c R}{\lambda n^2 \pi^2} \tag{6-11-20}$$

将 C_0, C_n 的值代入式(6-11-17)，并将所有特解求和，得到满足方程式(6-11-11)条件的解为

$$u(x,\tau) = t_0 - \frac{q_c R}{6\lambda} + \frac{2q_c R}{\lambda \pi^2} \sum_{n=1}^{\infty} \frac{(-1)^{n+1}}{n^2} \cos \frac{n\pi}{R} x \cdot \mathrm{e}^{-\frac{an^2\pi^2}{R^2}\tau} \tag{6-11-21}$$

将式(6-11-21)代入式(6-11-10)可得

$$t(x,\tau) = t_0 + \frac{q_c}{\lambda} \left(\frac{a}{R}\tau + \frac{1}{2R} x^2 - \frac{R}{6} + \frac{2R}{\pi^2} \sum_{n=1}^{\infty} \frac{(-1)^{n+1}}{n^2} \cos \frac{n\pi}{R} x \cdot \mathrm{e}^{-\frac{an^2\pi^2}{R^2}\tau} \right)$$

上式即为式(6-11-1)。

实验 6.12　压力传感器特性研究

传感器是现代检测和控制系统的重要组成部分，在现代科学技术领域中的地位越来越重要。各类传感器的研制和推广使用在飞速发展。通过实验，掌握传感器的静态特性为今后的应用打下初步的基础。

【课前预习】

1. 本实验所用传感器是将哪种类型信号转变为另一种类型信号进行测量的？

2. 单桥电路、半桥电路、全桥电路，三者有何异同？

3. 若用单桥测量 R_1 后，只是将 R_1 换成 R_2，测量结果会如何改变？

【实验目的】

1. 了解传感器的工作原理。

2. 掌握传感器的静态特性曲线绘制及特性参数的计算。

3. 了解金属箔式应变片的应变效应。

4. 验证单臂电桥、半桥、全桥的性能及相互之间的关系。

【实验原理】

1. 传感器的工作原理

在工程中，电量信号（如电压和电流）容易处理和传输，所以人们希望把其他非电量信号（如力、热、声、磁和光等物理量）按一定规律转换为电量信号。将非电量信号转换成电量信号的装置叫做传感器。这种非电量至电量的转换是应用不同物体的某些电学性质与被测量之间的特定关系来实现的，例如电阻效应、热电效应、磁电效应、光电效应和压电效应等。应用不同物质的独特物理变化，可以设计和制造出适用于各种不同用途的传感器。传感器的种类很多，如按输入量分类，可分为温度传感器、压力传感器、位移传感器、速度传感

器和湿度传感器等。

传感器一般由敏感元件、转换元件和转换电路三部分组成,如图 6-12-1 所示。

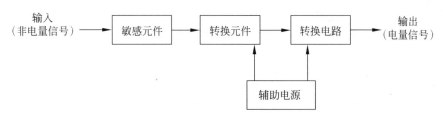

图 6-12-1 传感器组成部分

传感器的输出-输入关系特性是传感器的最基本特性。根据测量或控制过程中被测量的状态,将传感器的输出-输入关系特性分为静态特性或动态特性。传感器的静态特性是指被测量(输入量)的值处于稳定状态的输出-输入关系。传感器的动态特性是指其输出对于随时间变化的输入量的响应特性。

2. 传感器的静态特性

本实验只研究传感器的静态特性。衡量静态特性的重要指标是线性度、灵敏度、迟滞和重复性等。

(1) 线性度

传感器的静态特性曲线可通过实验测试获得,测试条件为:标准大气压(101.3 ± 8)kPa,温度(20 ± 5)℃,相对湿度不大于 85%,无振动、冲击、加速度。测试时,利用一定等级的标准器给出一系列输入量,测得相应的输出量,所测的曲线称为校准曲线(或实际工作曲线)。在实际使用中,为了标定和数据处理的方便,希望得到传感器输出-输入特性为线性关系。这时可采用各种电路或微型计算机软件进行线性化处理,但都较复杂。如果传感器非线性的方次不高,非线性项系数较小或输入量变化范围较小时,常用一条直线(切线或割线)来代替校准曲线,使传感器输出-输入特性线性化,所采用的直线称为拟合直线。校准曲线与拟合直线的偏差就称为传感器的线性度(或称为非线性误差),如图 6-12-2 所示,通常用相对误差表示,即

$$L=\pm\frac{\Delta L_{m}}{y_{FS}}\times100\%\qquad(6\text{-}12\text{-}1)$$

式中,ΔL_{m} 为加载时输出曲线与拟合直线的最大偏差值;y_{FS} 为满量程输出,$y_{FS}=y_{m}-y_{0}$。图 6-12-2 中 y_{0}、y_{max} 分别为零点输出量和满量程输出量。

线性度表示了传感器实际工作的输出-输入特性曲线偏离线性的程度。由此可见,拟合直线不同,即使同类传感器,其线性度也是不同的。选取拟合直线的方法很多,但应选择非线性误差较小,计算简便,使用方便的方法为宜。常用的方法如下。

① 理论拟合。即拟合直线为传感器的理论直线 $y=a_1x$,此法简单,但理论线性度较大。

② 端点拟合。即把校准曲线两端点的连线作为拟合直线,其输出方程为 $y=y_0+(y_{max}-y_0)x/x_{max}$,其中 y_0、y_{max} 分别为零点输出量和满量程输出量,x_{max} 为对应于 y_{max} 时的输入量,即最大输入量。该法简单,应用较广,但拟合精度较低,其线性度称为端点线性度,如图 6-12-2 所示。

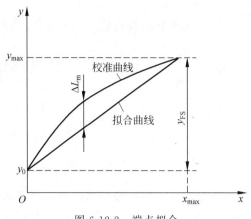

图 6-12-2　端点拟合

③ 最佳拟合。其拟合直线是使最大正负偏差相等的直线,这种方法较简单,非线性误差较小,其线性度称为独立线性度。

④ 最小二乘法拟合。这种方法计算繁琐,但拟合精度最高。

（2）灵敏度

传感器在稳态下输出变化量与输入变化量之比为其静态灵敏度,即

$$S = \frac{\Delta y}{\Delta x} \qquad (6\text{-}12\text{-}2)$$

由此可知,传感器校准曲线的斜率就是其灵敏度。对于线性传感器,它的灵敏度就是其静态特性的斜率,亦即 $S = \Delta y/\Delta x$;对于一般传感器,其灵敏度通常用其拟合直线的斜率来表示;对于非线性误差较大的传感器,灵敏度为一变量,用 $S = \mathrm{d}y/\mathrm{d}x$ 表示。

（3）迟滞

输入加载时有一输出值相对应,而当输入减载到此值时,对应的输出值一般来说是不相同的,这就是滞后现象,称为迟滞。用 H 来表示,即

$$H = \pm \frac{\Delta H_m}{y_{FS}} \times 100\% \qquad (6\text{-}12\text{-}3)$$

式中,ΔH_m 为输入加载时输出曲线与输入减载时输出曲线的最大差值,如图 6-12-3 示。迟滞是由于传感器的响应受到输入过程影响而产生的。它的存在破坏了输入和输出的对应关系。因此,必须尽量减少传感器的迟滞。

（4）重复性

因为传感器及其部件的特性会随时间而变化,所以对于同一大小的输入值,当环境条件不变时,而输出值也会有所不同。重复性又称稳定性,用 R 表示,即

$$R = \pm \frac{\Delta R_m}{y_{FS}} \times 100\% \qquad (6\text{-}12\text{-}4)$$

式中,ΔR_m 为三次加载时特性曲线输出值之间的最大差值,如图 6-12-4 示。

3. 电阻应变效应

导体在外力作用下发生机械形变时,其电阻值会发生变化,这就是导体的电阻应变效应。

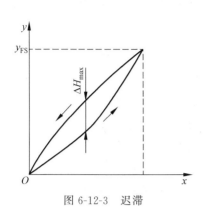

图 6-12-3 迟滞

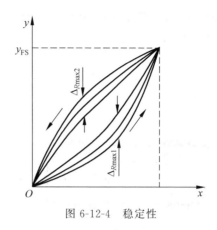

图 6-12-4 稳定性

考虑一段导体(长度 l,横截面积 S,电阻率 ρ),其原始电阻为

$$R = \rho \frac{l}{S} \tag{6-12-5}$$

当受到轴向拉力 F 作用时,电阻丝将伸长 Δl,横截面积相应减小 ΔS,电阻率 ρ 因晶格变化等因素的影响而改变 $\Delta \rho$,故引起电阻值变化 ΔR。对式(6-12-5)全微分,并用相对变化量来表示,则有

$$\frac{\Delta R}{R} = \frac{\Delta l}{l} - \frac{\Delta S}{S} + \frac{\Delta \rho}{\rho} \tag{6-12-6}$$

因为 $S = \pi r^2$,则 $\dfrac{\Delta S}{S} = 2\left(\dfrac{\Delta r}{r}\right)$,其中 $\dfrac{\Delta r}{r}$ 为径向应变。由材料力学可知,电阻丝的轴向伸长和径向收缩的关系可用泊松比 μ 表示为 $\dfrac{\Delta r}{r} = -\mu\left(\dfrac{\Delta l}{l}\right)$,则式(6-12-6)可以写成

$$\frac{\Delta R}{R} = \frac{\Delta l}{l}(1 + 2\mu) + \frac{\Delta \rho}{\rho} = \left(1 + 2\mu + \frac{\Delta \rho / \rho}{\Delta l / l}\right)\frac{\Delta l}{l} = K\frac{\Delta l}{l} \tag{6-12-7}$$

式中,K 称为导体电阻的灵敏系数,$\varepsilon = \Delta l / l$ 为轴向应变,则

$$K = \frac{\Delta R / R}{\Delta l / l} = \frac{\Delta R / R}{\varepsilon} = 1 + 2\mu + \frac{\Delta \rho / \rho}{\Delta l / l} \tag{6-12-8}$$

从式(6-12-7)可见,K 受两个因素影响,一个是$(1+2\mu)$,它是材料的几何尺寸变化引起的,另一个是 $\dfrac{\Delta \rho}{\rho \varepsilon}$,是材料的电阻率 ρ 随应变引起的(称为压阻效应)。对于金属材料而言,$\Delta \rho / \rho$ 较小,可以略去,则 $K \approx 1 + 2\mu$。实验也表明,在金属丝拉伸比例极限内,电阻相对变化与轴向应变成正比,即 $\Delta R / R = K\varepsilon$。通常金属丝的灵敏系数 K 约等于 2。

4. 金属箔式应变传感器的结构

通过各种弹性敏感元件,可将位移、力、力矩、加速度、压力等物理量转换为应变,因此可以用电阻应变片测量上述各量,从而做成各种应变式传感器。电阻应变片可分为金属丝式应变片、金属箔式应变片、金属薄膜应变片。本实验采用的是金属箔式应变片。

金属箔式应变片就是通过光刻、腐蚀等工艺制成的应变敏感元件。如图 6-12-5 所示,将 4 个电阻应变片分别粘贴在双孔悬臂梁的上下两表面上。悬臂梁左侧固定,右侧有一托盘可放置砝码。当放置砝码时,悬臂梁右侧受到向下的压力作用,电阻应变片 R_1 和 R_3 受到拉伸作用,阻值增加；R_2 和 R_4 受到压缩作用,阻值减小。

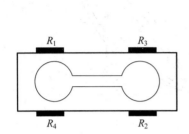

图 6-12-5　电阻应变片安装示意图

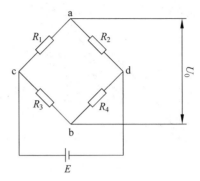

图 6-12-6　直流电桥

5. 金属箔式应变传感器的测量电路

图 6-12-6 为直流电桥,它的 4 个桥臂由电阻 R_1、R_2、R_3、R_4 组成,E 为供桥电压,输出电压 U_0 为

$$U_0 = \left(\frac{R_1}{R_1+R_2} - \frac{R_3}{R_3+R_4}\right)E = E\,\frac{R_1R_4 - R_2R_3}{(R_1+R_2)(R_3+R_4)} \tag{6-12-9}$$

当电桥各桥臂均有相应电阻变化 ΔR_1、ΔR_2、ΔR_3、ΔR_4 时,

$$U_0 = E\,\frac{(R_1+\Delta R_1)(R_4+\Delta R_4) - (R_2+\Delta R_2)(R_3+\Delta R_3)}{(R_1+\Delta R_1+R_2+\Delta R_2)(R_3+\Delta R_3+R_4+\Delta R_4)} \tag{6-12-10}$$

若 $R_1=R_2=R_3=R_4=R$,且 $\Delta R_i \ll R$ 时,则

$$U_0 = \frac{E}{4}\left(\frac{\Delta R_1}{R} - \frac{\Delta R_2}{R} - \frac{\Delta R_3}{R} + \frac{\Delta R_4}{R}\right) = \frac{E}{4}K(\varepsilon_1 - \varepsilon_2 - \varepsilon_3 + \varepsilon_4) \tag{6-12-11}$$

由式(6-12-11)可知:

(1) 当 $\Delta R_i \ll R$ 时,电桥的输出电压与应变为线性关系。

(2) 若相邻两桥臂的应变极性一致,即同为拉应变或压应变时,输出电压为两者之差；若相邻两桥臂的应变极性不一致时,输出电压为两者之和。

(3) 若相对两桥臂的应变极性一致时,输出电压为两者之和；反之,输出电压为两者之差。

因此,合理地利用上述特性来粘贴应变片,可以提高传感器的测量灵敏度。

6. 单臂电桥、半桥、全桥

当 $R_1R_3 = R_2R_4$ 时,输出电压 U_0 为零,电桥处于平衡状态。

(1) 单臂电桥

将 R_1 替换成贴在悬臂梁上的应变片,应变片随悬臂梁的受力变形而变形,引起电阻应变片电阻 R_1 的变化,电桥失去平衡。设 R_1 电阻变为 $R+\Delta R$,其余各臂仍为固定阻值 R,则输出电压为

$$U_0 = E\,\frac{R_1R_4 - R_2R_3}{(R_1+R_2)(R_3+R_4)} = \frac{E}{4}\frac{\Delta R}{R} = \frac{E}{4}K\varepsilon \tag{6-12-12}$$

（2）半桥

将 R_1、R_2 替换成贴在悬臂梁上的电阻应变片，其他两个臂采用固定电阻，则输出电压为

$$U_0 = \frac{E}{2} \frac{\Delta R}{R} = \frac{E}{2} K\varepsilon \tag{6-12-13}$$

（3）全桥

将 4 个桥臂全部替换成贴在悬臂梁上的应变片，则输出电压为

$$U_0 = E \frac{\Delta R}{R} = EK\varepsilon \tag{6-12-14}$$

通过这些电阻应变片转换被测部位受力状态变化，电桥完成电阻到电压的比例变化，反映了相应的受力状态，电桥的输出电压可用数字电压表测出。

【实验方法】

本实验的压力传感器主要是通过各种弹性敏感元件，可将压力转换为应变，并通过接入电桥把待测压力转换成电信号，再进行相关测量工作的。它属于转换法。

【实验器材】

THQC-1 型典型传感元件特性实验仪主控实验箱，应变式传感器实验模板，砝码（10个），导线。

【实验内容】

1. 单臂电桥形式测量电阻应变片性能实验

（1）模板接入电源 ±15 V（从主控箱引入），检查无误后，合上主控箱电源开关，顺时针调节 R_{W2} 使之大致位于中间位置。需要注意的是 R_{W2} 的位置一旦确定，就不能改变，直到实验结束。

（2）差动放大器调零。调节方法为：将差动放大器的正、负输入端与地短接，输出端与主控箱面板上数显电压表输入端相连，调节实验模板上调零电位器 R_{W3}，使数显表显示为零（数显表的切换开关打到 2 V 档）。关闭主控箱电源。

（3）将差动放大器的正、负输入端接入桥路中间两点。按图 6-12-7 将电阻应变式传感器的其中一片 R_1（模板左上方）作为一个桥臂与 R_5、R_6、R_7 接成直流电桥（R_5、R_6、R_7 为

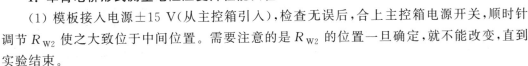
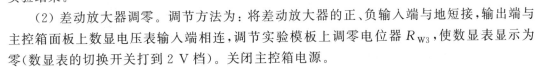
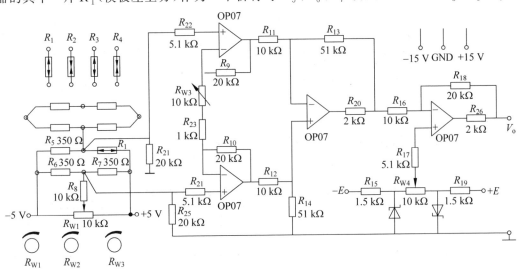

图 6-12-7 应变式传感器单臂电桥实验接线图

固定电阻,模块内已接好),接上桥路电源±5 V,此时应将±5 V的地与±15 V的地短接(因为原来不共地)。检查接线无误后,合上主控箱电源开关。调节 R_{W1} 使数显表显示为零。

(4) 在砝码盘上放置砝码作为悬臂梁负载。先加一只砝码,读取数显表数值,以后每次增加一个砝码并读取相应的数显表值,直到 10 个砝码加完。实验结果填入表 6-12-1。测量完毕,关闭电源。

2. 半桥形式测量电阻应变片性能实验

(1) 差动放大器调零的方法与实验内容 1 相同。

(2) 根据图 6-12-8 接线。R_1、R_2 为实验模板左上方的电阻应变片,注意 R_2 和 R_1 受力状态相反,且为电桥的相邻边。接入桥路电源±5 V,调节电桥调零电位器 R_{W1} 使数显表为零,重复实验内容 1 中的步骤(4),将实验数据记入表 6-12-2。

3. 全桥性能实验

(1) 差动放大器调零的方法与实验内容 1 相同。

(2) 根据图 6-12-9 接线。R_1、R_2、R_3、R_4 为实验模板左上方的应变片,且 $R_1 = R_2 = R_3 = R_4$,注意将受力性质相同的两个应变片接入电桥对边。接入桥路电源±5 V,调节电桥调零电位器 R_{W1} 使数显表为零,重复实验内容 1 中的步骤(4),将实验数据记入表 6-12-3。

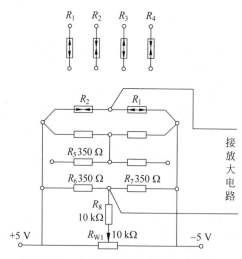

图 6-12-8　应变式传感器半桥实验接线图

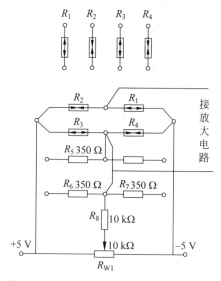

图 6-12-9　应变式传感器全桥实验接线图

【数据记录与处理】

1. 单臂电桥形式测量电阻应变片性能实验

(1) 记录实验数据并填入表 6-12-1。

表 6-12-1　单臂电桥形式输出电压与所加负载质量关系

砝码质量/g										
电压/mV										

（2）根据表 6-12-1 计算系统灵敏度 $S_1 = \Delta U / \Delta W$（$\Delta U$ 输出电压的变化量，ΔW 质量变化量）和非线性误差 $\delta_{f1} = \Delta m / y_{FS} \times 100\%$（$\Delta m$ 为输出值与拟合直线的最大偏差，多次测量时为平均值；y_{FS} 满量程输出平均值）。

（3）绘制单臂电桥形式时传感器的特性曲线（校准曲线），利用端点法做出拟合直线。

2. 半桥形式测量电阻应变片性能实验

（1）记录实验数据并填入表 6-12-2。

表 6-12-2　半桥形式测量输出电压与所加负载质量关系

砝码质量/g									
电压/mV									

（2）根据表 6-12-2 计算系统灵敏度 S_2 和非线性误差 δ_{f2}。

（3）绘制半桥形式时传感器的特性曲线，利用端点法做出拟合直线。

3. 全桥形式测量电阻应变片性能实验

（1）记录实验数据并填入表 6-12-3。

表 6-12-3　全桥形式输出电压与所加负载质量关系

砝码质量/g									
电压/mV									

（2）根据表 6-12-3 计算系统灵敏度 S_3，非线性误差 δ_{f3}。

（3）绘制出全桥形式时传感器的特性曲线，利用端点法做出拟合直线。

4. 性能比较

比较单臂电桥、半桥、全桥输出时的灵敏度和非线性度，并从理论上加以分析比较，得出相应的结论。

【注意事项】

1. 不要在砝码盘上放置超过 1 kg 的物体，否则容易损坏传感器。

2. 电桥的工作电压为 ±5 V，绝不可错接成 ±15 V，否则可能烧毁电阻应变片。

3. 电压表显示"−1"或"1"为超量程，应将量程扩大。

【思考题】

1. 用单臂电桥测量时，作为桥臂电阻应变片应选用：_____。
   （1）正（受拉）应变片　　（2）负（受压）应变片　　（3）正、负应变片均可

2. 半桥测量时两片不同受力状态的电阻应变片接入电桥时，应放在：_____。
   （1）对边　　　　　　（2）邻边

3. 桥路（差动电桥）测量时存在非线性误差，是因为：_____。
   （1）电桥测量原理上存在非线性　　　　　　（2）应变片应变效应是非线性的
   （3）调零值不是真正为零

4. 分析为什么半桥的输出灵敏度比半桥时高了一倍，而且非线性误差也得到改善。

5. 全桥测量中，当两组对边电阻 R（R_1、R_3 为对边）相同时，即 $R_1 = R_3$，$R_2 = R_4$，而 $R_1 \neq R_2$ 时，是否可以组成全桥？

【实验拓展】

压力传感器是测量力常用的一种传感器,其广泛应用于各种工业自控环境,涉及水利水电、铁路交通、智能建筑、生产自控、航空航天、军工、石化、油井、电力、船舶、机床、管道等众多行业。

1. 海拔高度测量

由于受到技术和其他方面原因的限制,GPS 计算海拔高度一般误差都会有十米左右,而如果在树林里或者是在悬崖下面时,有时候甚至接收不到 GPS 卫星信号。如果智能手机在原有 GPS 的基础上再增加压力传感器功能,可以让三维定位更加精准。

2. 辅助导航

现在不少开车人士会用手机来进行导航,但在高架桥上时,GPS 无法判断你是桥上还是桥下而常常造成错误导航。而如果手机里增加一个压力传感器,它的精度可以达到 1 m,这样就可以很好的辅助 GPS 来测量出所处的高度,避免导航出错。

3. 压力传感器在医疗行业中的应用

随着医疗设备市场的发展,压力传感器在微创导管消融术和体温传感器测量中有着较好的应用。在透析应用中,压力传感器能够用于精确地监测透析液和血液的压力,以确保其维持在所设定的范围内。

实验 6.13　用超声光栅测量声速

超声波在介质中传播时,会在其内产生周期性的弹性形变,从而使介质的折射率在空间上产生周期性变化,相当于一个移动的相位光栅,这种现象称为声光效应。若同时有光通过该介质,光将被相位光栅所衍射,称为声光衍射。利用声光衍射效应制成的器件,称为声光器件。声光器件可快速有效地控制激光束的强度、方向和频率,还可把电信号实时转换为光信号。此外,声光衍射还是探测材料声学性质的主要手段。

1935 年拉曼(C. V. Raman)和奈斯(Nath)发现,在一定条件下,声光效应的衍射光强分布类似于普通光栅的衍射。这种声光效应称为拉曼-奈斯声光衍射。本实验利用该物理现象,在介质液体中进行声速测量。在 1966—1976 年间,声光衍射理论、新声光材料及高性能器件的设计和制造工艺都得到迅速发展。例如,1970 年,科学家实现了声表面波对导光波的声光衍射,并成功研制了表面(或薄膜)声光器件。1976 年后,随着声光技术的发展,声光信号处理已成为光信号处理的一个分支。

【课前预习】

1. 声光效应、超声光栅的概念。

2. 实验中为什么要调节超声波的频率?

3. 如何用实验方法判断液体槽放置于分光计的载物台上后,其两侧光学表面完全垂直于望远镜和平行光管的光轴?

【实验目的】

1. 了解超声光栅产生的原理。

2. 了解声波如何对光信号进行调制。

3. 通过对液体(非电解质溶液)中的声速的测定,加深对其概念的理解。

4. 掌握分光计的使用。

【实验原理】

光波在介质中传播时被超声波衍射的现象,称为超声致光衍射(亦称声光效应)。如声波在传播的过程中,遇到反射产生信号叠加形成驻波,就会加剧上述现象。

超声波作为一种纵波在液体中传播时,其声压使液体分子产生周期性的变化,促使液体的折射率也相应的作周期性的变化,形成疏密波。此时,如有平行单色光沿垂直于超声波传播方向通过这疏密相同的液体时,就会被衍射,这一作用,类似光栅,所以称为超声光栅。

超声波传播时,如前进波被一个平面反射,会反向传播。在一定条件下前进波与反射波叠加而形成超声频率的纵向振动驻波。由于驻波的振幅可以达到单一行波的两倍,加剧了波源和反射面之间液体的疏密变化程度。在某一时刻,纵驻波的任一波节两边的质点都涌向这个节点,使该节点附近成为质点密集区,而相邻的波节处为质点稀疏处;半个周期后,这个节点附近的质点有向两边散开变为稀疏区,相临波节处变为密集区。在这些驻波中,稀疏作用使液体折射率减小,而压缩作用使液体折射率增大。在距离等于超声波波长 Λ 的两点,液体的密度相同,折射率也相等,如图 6-13-1 所示。

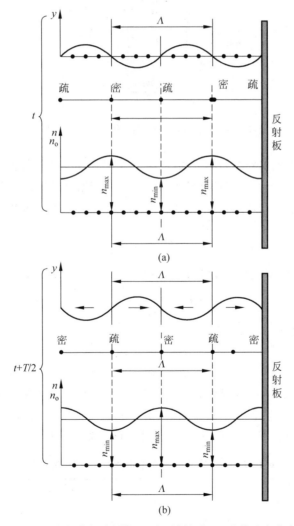

图 6-13-1 在 t 和 $t+T/2$(T 为超声振动周期)两个时刻振幅 y,液体疏密分布和折射率 n 的变化

　　波长为 λ 的单色平行光沿着垂直于超声波传播方向通过上述液体时，因折射率的周期变化使光波的波阵面产生了相应的相位差，经透镜聚焦出现衍射条纹。这种现象与平行光通过透射光栅的情形相似。因为超声波的波长很短，只要盛装液体的液体槽的宽度能够维持平面波（宽度为 l），槽中的液体就相当于一个衍射光栅。图 6-13-1 中行波的波长 Λ 相当于光栅常量。由超声波在液体中产生的光栅作用称作超声光栅。

　　当满足声光喇曼-奈斯衍射条件：$2\pi\lambda l/\Lambda^2 \ll 1$ 时，这种衍射相似于平面光栅衍射，可得如下光栅方程

$$\Lambda \sin\phi_k = k\lambda \tag{6-13-1}$$

式中，k 为衍射级次，ϕ_k 为零级与 k 级间夹角。

　　在调好的分光计上，由单色光源和平行光管中的会聚透镜（L_1）与可调狭缝 S 组成平行光系统，如图 6-13-2 所示。

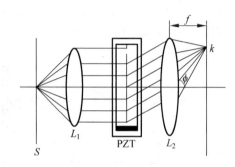

图 6-13-2　WSG-Ⅰ型超声光栅仪衍射光路图

　　让光束垂直通过装有锆钛酸铅陶瓷片（或称 PZT 晶片）的液槽，在玻璃槽的另一侧，用自准直望远镜中的物镜（L_2）和测微目镜组成测微望远系统。若振荡器使 PZT 晶片发生超声振动，形成稳定的驻波，从测微目镜即可观察到衍射光谱。从图 6-13-2 中可以看出，当 ϕ_k 很小时，有

$$\Lambda \sin\phi_k = \frac{l_k}{f} \tag{6-13-2}$$

其中，l_k 为衍射光谱零级至 k 级的距离；f 为透镜的焦距。超声波波长

$$\Lambda = \frac{k\lambda}{\sin\phi_k} = \frac{k\lambda f}{l_k} \tag{6-13-3}$$

超声波在液体中的传播的速度

$$u = \Lambda\nu = \frac{\lambda f\nu}{\Delta l_k} \tag{6-13-4}$$

式中，ν 是振荡器和锆钛酸铅陶瓷片的共振频率；Δl_k 为同一色光衍射条纹间距。

　　温度不同对测量结果有一定的影响，可对不同温度下的测量结果进行修正，修正系数及不同物质中的声波在 20℃纯净介质中的传播速度见表 6-13-1。

表 6-13-1　声波在下列物质中传播速度（20℃纯净介质）

液体	t_0/℃	u_0/(m·s^{-1})	A/(m·s^{-1}·K^{-1})
苯胺	20	1 656	−4.6
丙酮	20	1 192	−5.5

续表

液体	$t_0/℃$	$u_0/(\text{m} \cdot \text{s}^{-1})$	$A/(\text{m} \cdot \text{s}^{-1} \cdot \text{K}^{-1})$
苯	20	1 326	−5.2
海水	17	1 510~1 550	—
普通水	25	1 497	2.5
甘油	20	1 923	−1.8
煤油	34	1 295	—
甲醇	20	1 123	−3.3
乙醇	20	1 180	−3.6

注 表中 A 为温度系数,对于其他温度 t 的速度可近似按公式 $u_t = u_0 + A(t - t_0)$ 计算。

【实验方法】

本实验应用于声速的测量,利用声学量转换为光学量,利用声驻波的衍射现象来进行实验测量,这种实验测量方法称之为转换法。在数据处理时,同时采用了列表法、逐差法来处理数据。

【实验器材】

1. 器材名称

超声光栅信号源,分光计,测微目镜,玻璃液体槽(带锆钛酸铅陶瓷片,即 PZT 晶片),光源(汞灯)等。

2. 器材介绍

图 6-13-3 为超声光栅声速仪实验装置示意图。测微目镜测量范围为 8 mm,测量精度 0.01 mm。液体槽盖上的接线柱接信号源,为液槽中的锆钛酸铅陶瓷片提供策动频率。

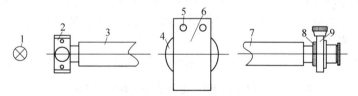

图 6-13-3 实验装置示意图

1—单色光源(汞灯);2—分光计狭缝;3—分光计平行光管;4—分光计载物台;

5—液体槽盖上的接线柱;6—液体槽及超声片;7—分光计望远镜;8,9—测微目镜

图 6-13-4 为超声信号源面板图。电源输入电压为 220 V,50 Hz;信号源输出信号频率为 8~12 MHz,工作频率为 9.5~11.5 MHz。

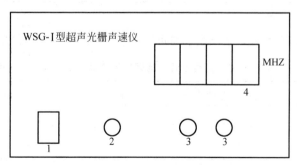

图 6-13-4 超声信号源面板示意图

1—电源开关;2—频率微调钮;3—信号输出端(无正负极区别);4—频率显示窗

【实验内容】

1. 分光计的调整方法参阅下册"实验 8.5　分光计的调节及应用"。用自准直法调节望远镜的光轴与分光计的转轴中心垂直；打开汞灯电源开关，待其发光稳定后，调节平行光管与望远镜同轴，且平行光管出射平行光。

2. 将待测液体（如蒸馏水、乙醇或其他液体）注入液体槽内，液面高度以液体槽侧面的液体高度刻线为准。

3. 将此液体槽（可称其为超声池）置于分光计的载物台上，放置时，使超声池两侧表面基本垂直于望远镜和平行光管的光轴。

4. 高频连接线的一端插入液体槽盖板上的接线柱，另一端接入超声光栅仪电源箱的高频输出端，然后将液体槽盖板盖在液体槽上。

5. 开启超声信号源电源，从阿贝目镜观察衍射条纹，调节频率微调旋钮，使信号源输出信号频率与 PZT 晶片固有频率大致相等，即使之共振此时衍射光谱的级次会显著增多且更为明亮。

6. 小范围内左右转动超声池（转动分光计载物台），使平行光束完全垂直于超声池的光学面。此时从目镜中观察视场内的衍射光谱左右级次亮度及对称性，能看到稳定而清晰、左右对称的 3～4 级衍射条纹。

7. 取下阿贝目镜，换上测微目镜，调焦目镜，使观察到的衍射条纹清晰。利用测微目镜逐级测量其位置读数（例如，−3,…,0,…,+3），再用逐差法求出条纹间距的平均值。

8. 利用式(6-13-4)计算声速。

【数据记录与处理】

本实验中采用的透镜的焦距 $f = 170$ mm。汞灯波长 λ（其不确定度忽略不计）分别为：汞蓝光 435.8 nm，汞绿光 546.1 nm，汞黄光 578.0 nm（双黄线平均波长）。

1. 样品 1：纯净水

(1) 记录共振频率 $\nu = $ _____ kHz，并将所测得的衍射条纹位置数据记录于表 6-13-2 中。

表 6-13-2　测微目镜中衍射条纹位置数据记录参考表　　　　　　　　　mm

光色	级次						
	−3	−2	−1	0	1	2	3
黄							
绿							
蓝							

注　衍射级次可以取至 2 级。

(2) 用逐差法计算各色光衍射条纹平均间距及标准差和声速，并将结果记录于表 6-13-3 中。

表 6-13-3　衍射条纹平均间距和声速数据记录表　　　温度 $t = $ _____ ℃

光色	衍射条纹平均间距 $x \pm \sigma_x$ /mm	声速 u /(m/s)	$\bar{u}$ /(m/s)
黄			
绿			
蓝			

（3）温度为 20℃时纯净水中声速的经验值为 1 482.9 m/s。利用公式 $u_t = u_0 + A(t - t_0)$ 及表 6-13-1 中的数据计算温度系数修正后的声速及实验误差。

2. 样品 2：（95％分析乙醇）

（1）记录共振频率 $\upsilon =$ _____ kHz，并将所测得的衍射条纹位置数据记录于表 6-13-4 中。

表 6-13-4　测微目镜中衍射条纹位置读数记录参考表　　　　mm

光色	级次						
	-3	-2	-1	0	1	2	3
黄							
绿							
蓝							

注　衍射级次可以取至 2 级。

（2）用逐差法计算各色光衍射条纹平均间距及标准差和声速，并将结果记录于表 6-13-5 中。

表 6-13-5　衍射条纹平均间距和声速数据记录表　　温度 $t =$ _____ ℃

光　色	衍射条纹平均间距 $x \pm \sigma_x$/mm	声速 u/(m/s)	$\bar{u}$/(m/s)
黄			
绿			
蓝			

（3）温度为 20℃时 95％分析乙醇中声速的经验值为 1 168 m/s。利用公式 $u_t = u_0 + A(t - t_0)$ 及表 6-13-1 中的数据计算温度系数修正后的声速及实验误差。

【注意事项】

1. 超声池置于分光计的载物台上必须稳定，在实验过程中应避免震动，以使超声在液槽内形成稳定的驻波。导线分布电容的变化会对输出电频率有微小影响，因此不能触碰连接锆钛酸铅陶瓷片（PZT 晶片）和信号源的两条导线。

2. PZT 晶片表面与对应面的玻璃槽壁表面必须平行，此时才会形成较好的表面驻波，因此实验时应将超声池的上盖盖平，而上盖与玻璃槽留有较小的空隙，实验时可稍微扭动一下上盖，有时也会使衍射效果有所改善。

3. PZT 晶片共振频率一般在 11.3 MHz 左右，WSG-Ⅰ型超声光栅仪给出 10～12 MHz 可调范围。在稳定共振时，数字频率计显示的频率值应是稳定的，最多只有最末尾 1～2 个数的变动。

4. 实验时间不宜过长，其一，声波在液体中的传播与液体温度有关，时间过长，超声波的作用会使液槽温度在小范围内变动，从而会影响测量精度，一般测量视待测液体温度为室温，精密测量可在超声池内插入温度计测量其温度；其二，频率计长时间处于工作状态，会对其性能有一定影响，尤其在高频条件下有可能会使电路过热而损坏，实验时，特别注意不要使频率长时间调在 12 MHz 以上，以免振荡线路过热。

5. 提取液槽应拿两端面，不要触摸两侧表面通光部位，以免造成其污染，如通光面已有污染，可用酒精乙醚清洗干净，或用镜头纸擦净。

6. 实验中液槽中会有一定的热量产生，并导致媒质挥发，槽壁会见挥发气体凝露，一般不影响实验结果,但须注意液面下降太多致锆钛酸铅陶瓷片外露时,应及时补充液体至正常液面线处。

7. 实验完毕应将超声池内被测液体倒出,不要将 PZT 晶片长时间浸泡在液槽内。

【思考题】

1. 分析实验误差产生的原因。

2. 光源能否用钠灯？

3. 实验中观察到蓝线会有晃动,是由什么原因引起的？

【实验拓展】

1. 利用本实验仪器,设计一实验方案测量出溶液的浓度。

2. 利用本实验仪器,设计一实验方案测量出液体的体积弹性模量。

实验 6.14　晶体电光调制及其应用

　　电光调制就是光调制,光调制有许多种,如电光调制、声光调制、磁光调制等。其中电光调制制作成本低,易于实现,结构简单而被大量使用。本实验的基础是电光效应,就是某些晶体或液体加上电场后,其有效折射率会随电场电压改变的现象。

　　电光效应在光学技术和科学研究中有许多重要应用,它有很短的响应时间(可以跟上频率为 10^{10} Hz 的电场变化),可以制成通过外电场迅速调制偏振光相位差的光学元件,在高速摄影中作快门或在光速测量中作光束斩波器。在激光出现以后,电光效应的研究和应用得到迅速的发展,电光器件被广泛应用在激光通信、激光测距、激光显示、光学数据处理和电影、电视等方面。

【课前预习】

1. 为什么要测定半波电压？半波电压是描述什么的物理参数？

2. 本实验中,有几种测量半波电压的方法？试比较其精确度。

【实验目的】

1. 了解晶体电光调制的原理和实验方法。

2. 学会用简单的实验装置测量晶体半波电压、电光系数的实验方法。

3. 对比极值法和调制法测试半波电压的不同。

4. 观察和了解电光效应所引起的晶体光学性质的变化和会聚偏振光的干涉现象。

【实验原理】

1. 一次电光效应简介

电光效应分为一次电光效应和二次电光效应两种。

(1) 若折射率的变化正比于电场强度,这种效应称为一次电光效应,也称线性电光效应或泡克尔斯(Pokels)效应。它是泡克尔斯于 1893 年发现的。

(2) 若折射率的变化正比于电场强度的平方,这种效应称为二次电光效应,也称为平方电光效应或克尔(Kerr)效应。它是克尔于 1875 年发现的。

　　一次电光效应只存在于晶格结构不具有对称中心的晶体中,而对于存在一次电光效应的晶体,其二次效应通常可以忽略不计。这里只研究晶体的一次电光效应。

　　一次电光效应又分为两种类型:横向电光效应和纵向电光效应。

加在晶体上的电场方向与光在晶体里传播的方向平行时产生的电光效应,称为纵向电光效应;加在晶体上的电场方向与光在晶体里传播方向垂直时产生的电光效应,称为横向电光效应。在具有一次电光效应的晶体中,最典型的是 KH_2PO_4 晶体和铌酸锂($LiNbO_3$)晶体。对于 KH_2PO_4 晶体,通常用它的纵向电光效应;对 $LiNbO_3$ 晶体,用它的横向电光效应。本实验主要研究 $LiNbO_3$ 晶体的一次电光效应。

铌酸锂晶体是单轴晶体,通常将晶体切割为长方形,x、y、z 轴为晶体的折射率主轴(见图 6-14-1),且 z 轴为晶体的光轴。设晶体中的寻常光(o 光)和非常光(e 光)的折射率分别为 n_o 和 n_e;即,相应于 x、y 方向的偏振光分量的主折射率 $n_x = n_y = n_o$;相应于 z 方向的偏振光分量的主折射率 $n_z = n_e$。

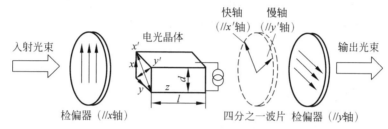

图 6-14-1　晶体横向电光调制器结构示意

当光沿 z 轴方向传播时,在 x 方向(横向)加上电场后,晶体将由单轴晶体变为双轴晶体,其主轴 x 和 y 绕 z 轴转了 $45°$,成为新的主轴 x'、y'、z' 轴(又称为感应轴,且 z' 轴与 z 轴重合),相应于 x'、y' 方向的偏振光分量的主折射率变为

$$\begin{cases} n_{x'} = n_o + \dfrac{1}{2} n_o^3 r_{22} E_x \\ n_{y'} = n_o - \dfrac{1}{2} n_o^3 r_{22} E_x \end{cases} \qquad (6\text{-}14\text{-}1)$$

此即一次电光效应的表达式(详见本实验后的附录),其中,E_x 为加在 x 方向上的电场强度,r_{22} 为晶体的电光系数,是描述晶体性质的重要参量。

当外电场把铌酸锂晶体由单轴晶体变为双轴晶体后,原先沿 z 轴(原光轴)方向传播的偏振光会发生双折射现象。双折射后的两束线偏振光传播方向相同(都沿 z 轴),但传播速度不同(因为其偏振方向 x'、y' 的折射率不同),离开晶体后将产生一个确定的相位差。因此,就有可能将这种晶体制成可以用外电场 E_x 调制相位差的晶片,即电光调制器。

2. 电光调制原理

在此,我们用激光作为传递信号的载体,即把电信号施加于电光晶体上,对输出的激光光束进行调制,使激光中带有欲传递信号的成分,此过程称为电光调制。这样信息就随激光传播出去,到达目的地后,再接收光波并将信息从已调制的激光辐射中还原出来,此过程称为解调。因为激光实际上只起到了"携带"信号的作用,所以称为载波;而起控制作用的被加载信号是我们所需要的信息,称为调制信号;被调制的载波称为已调波或调制光。

图 6-14-1 为典型的利用 $LiNbO_3$ 晶体横向电光效应原理的电光调制器。其中起偏器的偏振方向平行于电光晶体的 x 轴,检偏器的偏振方向平行于 y 轴。因此入射光经起偏器后变为振动方向平行于 x 轴的线偏振光,它在晶体的感应轴 x' 和 y' 轴上投影的振幅和位相

均相等，设分别为

$$\begin{cases} E_{x'} = A\cos\omega t \\ E_{y'} = A\cos\omega t \end{cases} \tag{6-14-2}$$

式(6-14-2)是晶体表面($z=0$)处的入射光振动的场强表达式，或用复振幅的表示方法表示为

$$\begin{cases} \boldsymbol{E}_{x'}(0) = A\,\mathrm{e}^{\mathrm{i}\omega t} \\ \boldsymbol{E}_{y'}(0) = A\,\mathrm{e}^{\mathrm{i}\omega t} \end{cases} \tag{6-14-3}$$

则入射光的强度

$$I_0 \propto \boldsymbol{E} \cdot \boldsymbol{E}^* = |\,\boldsymbol{E}_{x'}(0)\,|^2 + |\,\boldsymbol{E}_{y'}(0)\,|^2 = 2A^2 \tag{6-14-4}$$

当光通过长为 l 的电光晶体后，x' 和 y' 两分量之间因折射率不同而产生相位差 δ，即

$$\begin{cases} \boldsymbol{E}_{x'}(l) = A\,\mathrm{e}^{\mathrm{i}\omega t} \\ \boldsymbol{E}_{y'}(l) = A\,\mathrm{e}^{\mathrm{i}\omega t - \mathrm{i}\delta} \end{cases} \tag{6-14-5}$$

通过检偏器出射的光，是两分量在 y 轴上的投影之和，即

$$\boldsymbol{E}_y = \frac{A}{\sqrt{2}}(\mathrm{e}^{\mathrm{i}\delta} - 1)\mathrm{e}^{\mathrm{i}\omega t} \tag{6-14-6}$$

其对应的输出光强 I 可写成

$$I \propto \boldsymbol{E}_y \cdot \boldsymbol{E}_y^* = \frac{A^2}{2}\left[(\mathrm{e}^{-\mathrm{i}\delta} - 1)(\mathrm{e}^{\mathrm{i}\delta} - 1)\right] = 2A^2 \sin^2 \frac{\delta}{2} \tag{6-14-7}$$

由式(6-14-4)、式(6-14-7)得

$$I = I_0 \sin^2 \frac{\delta}{2} \tag{6-14-8}$$

由式(6-14-1)得，相位差 δ 应满足

$$\delta = \frac{2\pi}{\lambda}(n_{x'} - n_{y'})l = \frac{2\pi}{\lambda}n_o^3 r_{22} E_x l \tag{6-14-9}$$

为了便于测量，将式(6-14-9)中的电场强度 E_x 用相应的电压 U 来代替，即 $E_x = U/d$，其中 d 为晶体沿 x 方向的厚度，则

$$\delta = \frac{2\pi}{\lambda}n_o^3 r_{22}\frac{l}{d}U \tag{6-14-10}$$

当电压 U 增加到某一值时，x'，y' 方向的偏振光经过晶体后产生 $\lambda/2$ 的光程差（相位差 $\delta = \pi$)，此时透光率 $T = 100\%$，这一电压叫半波电压，记为 U_π 或 $U_{\frac{\lambda}{2}}$。

U_π 是描述晶体电光效应的重要参量，其大小表示电光调制器对 δ 的调制能力的大小，这个电压越小越好。根据半波电压值，我们可以估计出利用电光效应控制透射光强度所需的电压。

由式(6-14-10)得

$$U_\pi = \frac{\lambda}{2n_o^3 \gamma_{22}}\left(\frac{d}{l}\right) \tag{6-14-11}$$

其中，d 和 l 分别为晶体的 x 方向的厚度和 z 方向的长度。由此可见，横向电光效应的半波电压与晶片的几何尺寸有关（而纵向电光效应则不然）。如果使电极之间的距离 d 尽可能地减小，而增大通光方向的长度 l，则同样的晶体的横向电光效应的半波电压 U_π 比纵向电

光效应的 U_π 缩小 d/l 倍,这是横向调制器的优点之一。因此,通常将横向调制器所用的电光晶体加工成扁长方体。由式(6-14-10)和式(6-14-11),有

$$\delta = \pi \frac{U}{U_\pi}$$

因此将式(6-14-8)改写成

$$I = I_0 \sin^2 \frac{\pi}{2U_\pi} U \qquad (6\text{-}14\text{-}12)$$

由式(6-14-12)可知,透射光的强度由偏压 U 决定,当 $U = \pm 2kU_\pi(0,1,2,\cdots)$ 时,应有 $I=0$;当 $U = \pm(2k+1)U_\pi(0,1,2,\cdots)$ 时,应有 $I=I_0$;当 U 取其他值时,I 介于 0 和 1 之间。

实际上,由于晶体材料不可避免的缺陷、不均匀性和加工工艺不可能十分完美,光在晶体中传播时会发生吸收和散射,并使光波的两个振动分量的传播方向不完全重合;而从晶体中射出的光束也不可能完全重叠,从而产生了双折射现象。因此,当 $U=0$ 时,$I \neq 0$,而只是一个极小值 $I_{\min}$;而当 $U=U_\pi$ 时,$I \neq 1$,而只是一个极大值 $I_{\max}$。为了描述这一性质,引入电光晶体的两个特征参量:消光比 M 和透光率 T。即

$$M = \frac{I_{\max}}{I_{\min}} \qquad (6\text{-}14\text{-}13)$$

$$T = \frac{I_{\max}}{I_0} \qquad (6\text{-}14\text{-}14)$$

显然,M 的值越大,T 的值越接近于 1,表示该晶体的电光性能越好。对一般晶体,$M \approx 10^2$,它与晶体的质量和加工精度有关。半波电压、消光比和透光率是表征电光调制器的质量的三个特征常量。令 $U = U_0 + U_m \sin\omega t$,其中 U_0 称为直流偏压(决定工作点),$U_m \sin\omega t$ 为调制信号(在此为正弦信号,也可为其他类型的信号),则由式(6-14-12)得

$$I = I_0 \sin^2 \frac{\pi}{2U_\pi} (U_0 + U_m \sin\omega t) \qquad (6\text{-}14\text{-}15)$$

可以看出,改变 U_0 或 U_m,输出特性将相应的有变化,如图 6-14-2 所示。

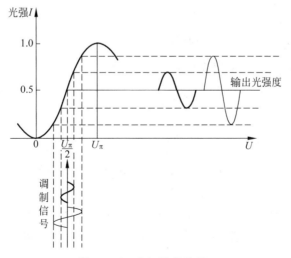

图 6-14-2　I 与 U 的关系

由于 I 与 U 的关系是非线性的，若工作点选择不合适，会使输出信号发生畸变。但在 $U_\pi/2$ 附近有一近似直线部分，这一直线部分称作线性工作区。由式(6-14-15)可见，当 $U=U_\pi/2$ 时，$\delta=\dfrac{\pi}{2}$，$T=50\%$。

（1）改变直流偏压 U_0 对输出特性的影响

① 当 $U_0=U_\pi/2$ 且 $U_m \ll U_\pi$ 时，把 $U_0=U_\pi/2$ 代入式(6-14-15)，得

$$I=I_0\sin^2\left[\frac{\pi}{4}+\left(\frac{\pi}{2U_\pi}\right)U_m\sin\omega t\right]=\frac{1}{2}I_0\left[1-\cos\left(\frac{\pi}{2}+\pi\frac{U_m}{U_\pi}\sin\omega t\right)\right]$$

$$=\frac{1}{2}I_0\left[1+\sin\left(\pi\frac{U_m}{U_\pi}\sin\omega t\right)\right] \tag{6-14-16}$$

当 $U_m \ll U_\pi$ 时，有

$$I\approx\frac{1}{2}I_0\left(1+\pi\frac{U_m}{U_\pi}\sin\omega t\right) \tag{6-14-17}$$

这时，调制器输出的波形和调制信号的波形成线性关系，即线性调制。

② 当 $U_0=0$ 或 U_π 且 $U_m \ll U_\pi$ 时，把 $U_0=0$ 代入式(6-14-15)，经类似的推导，可得

$$I=\frac{1}{2}I_0\left[1-\cos\left(\pi\frac{U_m}{U_\pi}\sin\omega t\right)\right]$$

$$\approx\frac{1}{4}I_0\left(\frac{\pi U_m}{U_\pi}\right)^2\sin^2\omega t\approx\frac{1}{8}I_0\left(\frac{\pi U_m}{U_\pi}\right)^2(1-\cos2\omega t) \tag{6-14-18}$$

这时，输出光强的变化频率是调制信号频率的 2 倍，即产生了倍频失真。

若把 $U_0=U_\pi$ 代入式(6-14-15)，经类似的推导，亦可得

$$I\approx I_0-\frac{1}{8}I_0\left(\frac{\pi U_m}{U_\pi}\right)^2(1-\cos2\omega t) \tag{6-14-19}$$

这时看到的仍是倍频失真的波形。

③ 直流偏压 U_0 在 0 附近或在 U_π 附近变化时，由于工作点不在线性工作区，输出波形仍将失真，但不是倍频失真。

④ 当 $U_0=\dfrac{U_\pi}{2}$ 且 $U_m>U_\pi$ 时，调制器的工作点虽然选定在线性工作区的中心，但不满足小信号调制的要求，此时的透射光强应展开成贝塞尔函数，有

$$I=\frac{1}{2}I_0\left[1+\sin\left(\frac{\pi}{U_\pi}U_m\sin\omega t\right)\right]$$

$$=2\left[J_1\left(\frac{\pi U_m}{U_\pi}\right)\sin\omega t-J_3\left(\frac{\pi U_m}{U_\pi}\right)\sin3\omega t+J_5\left(\frac{\pi U_m}{U_\pi}\right)\sin5\omega t+\cdots\right] \tag{6-14-20}$$

即输出的光束除包含调制信号的基频成分外，还含有不能忽略的奇次谐波；因此，虽然工作点选定在线性区，输出波形仍然失真。

（2）如不加直流偏压（令 $U_0=0$，即 $U=U_m\sin\omega t$），而是在晶体与检偏器之间加上一个四分之一波片（主轴平行于表面），则可证明，四分之一波片能够起到与加直流偏压一样的作用。

① 当波片的主轴与晶体的感应轴(x'轴或y'轴)平行时,可证明

$$I = \frac{1}{2}I_0\left[1 - \cos\left(\delta \pm \frac{\pi}{2}\right)\right] = \frac{1}{2}I_0(1 \pm \sin\delta) = \frac{1}{2}I_0\left[1 \pm \sin\left(\pi\frac{U_m}{U_\pi}\sin\omega t\right)\right]$$

当$U_m \ll U_\pi$时,有$I \approx \frac{1}{2}I_0\left(1 \pm \pi\frac{U_m}{U_\pi}\sin\omega t\right)$,仍为线性调制。在此,四分之一波片的作用相当于使调制器产生一个固定的相位差$\pi/2$,使得调制器的工作点移到了线性区。

② 当波片的主轴与晶体的主轴x轴或y轴平行时,可证明

$$I = \frac{1}{2}I_0(1 - \cos\delta) = \frac{1}{2}I_0\left[1 - \cos\left(\pi\frac{U_m}{U_\pi}\sin\omega t\right)\right] \tag{6-14-21}$$

当$U_m \ll U_\pi$时,有$I \approx \frac{1}{8}\left(\frac{\pi U_m}{U_\pi}\right)^2 I_0(1 - \cos2\omega t)$,出现了倍频失真。实际上,这种情况下的四分之一波片对相位没有影响,起不到移相的作用。

由此可知,若改变四分之一波片的光轴与晶体间的角度(绕z轴旋转波片),将在感应轴决定的角度上获得线性调制,而在主轴决定的角度上出现倍频失真,而且每转动45°,两种情况交替出现。

综上所述,电光调制是利用晶体的双折射现象,将入射的线偏振光分解成振动方向垂直、传播速度不同的两个振动分量,利用晶体的电光效应由电信号改变晶体的折射率,从而控制两个振动分量间的相位差,再利用光的相干原理使两束光叠加,从而实现光强度的调制。

【实验方法】

本实验利用电光效应,把电信号信息加载到光波上,接收到光波后再将信息还原出来。在加载信息(调制)的过程中,利用偏振光的干涉,把电信号转化为光强度信号,所用的实验方法可以归属为电光转换法。在还原信息(解调)的过程中,利用光电转换器件,把光强度信号转换为电信号,所用的实验方法可以归属为光电转换法。

【实验器材】

1. 器材名称

DGT-A 型晶体电光调制器、He-Ne 激光器、光靶(装有光电三极管)、接收放大器、双踪示波器、MF47 型万用电表。实验装置如图 6-14-3 所示,由晶体电光调制电源、调制器和接收放大器三个主要部分组成。

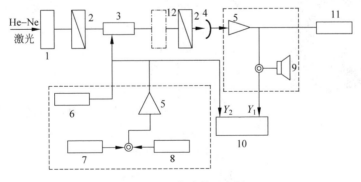

图 6-14-3 实验装置方框

1—减光偏振器;2—起(检)偏器;3—铌酸锂电光晶体;4—光电三极管;5—放大器;6—直流电源;
7—音乐信号;8—正弦波振荡器;9—扬声器;10—双踪示波器;11—万用表;12—四分之一波片

2. 仪器介绍

（1）晶体电光调制电源

调制电源由$-300\sim+300$ V之间连续可调的直流电源、单一频率振荡器（振荡频率约为1 kHz）、音乐片和放大器组成。电源面板上有三位半数字电压面板表，可显示直流偏压值。晶体上加的直流电压的极性可以通过面板上的"极性"键改变，电压的大小用"偏压"旋钮调节。调制信号可用装在面板上的"信号选择"键选择三个信号中的任意一个信号，所有的调制信号的大小通过"幅度"旋钮控制。通过前面板上的"输出"插孔输出的参考信号，接到双踪示波器上，可与解调后的信号进行比较，观察调制器的输出特性。

（2）调制器

调制器由三个可旋转的偏振片和一块铌酸锂晶体组成，采用横向调制方式。晶体放在两个正交的偏振片之间，起偏器与晶体的x轴平行。偏振片和晶体之间可插入四分之一波片，偏振片和波片均可绕光轴旋转。晶体放在四维调节架上，可精细调节方位，使光束严格沿光轴方向通过晶体。

（3）接收放大器

接收放大器由光电三极管和功率放大器组成。光电三极管把被调制的激光经光电转换后，输入到功率放大器，放大后的信号接到双踪示波器，与调制信号（由电源面板上的"输出"插孔输出）比较，观察调制器的输出特性。交流输出信号的大小通过"交流输出"旋钮调节。放大器内装有扬声器，用来再现调制信号的声音，放大器面板上还有"直流输出"插孔，用于测量直流输出电压U_T，可绘出U_T-U曲线（在此以U_T值代替输出光强I）。

【实验内容】

1. 调节光路，观察并描绘会聚偏振光的干涉图样（锥光干涉图）

1）光路的调节

调节激光管和电光晶体的角度，使激光束沿水平方向出射并与晶体表面平行，同时使光束通过晶体中心。这一步要由实验室事先调好，实验时不要自行调节，以免损坏仪器或被激光所伤。

反复旋转起偏器和检偏器，使其透振方向正交，且分别平行于晶体的x轴和y轴；可在调节偏振片的同时，观察检偏器后面白屏上的光点的亮度变化，由于晶体的缺陷，不可能完全消光，在屏上总会看到一弱光点，但应将此光点的亮度调到极小。

图6-14-4　单轴晶体的锥光干涉

然后在紧靠光束入射一侧的晶体前方放一张镜头纸，使光的传播方向尽量发散，这时应可在白屏上观察到单轴晶体的锥光干涉圆环（注意：此时不能在晶体上加任何电场），如图6-14-4所示。图中的暗十字中心同时也是圆环的中心，它对应着晶体的光轴方向，暗十字的方向对应于两个偏振片的透振方向。此时就可以认为已达到调节要求。

注意　这一步的调节会直接影响下一步的观察测量，一定要细心操作，调好后，将两个偏振片的固定螺丝拧紧。

2) 观察晶体的会聚偏振光干涉图形(选做)

把输入光强调到最大(这时,光靶上的光电三极管不能对准光点,以免损坏光电三极管),屏上可看到较清晰的锥光干涉图形(房间较暗时看得更清楚)。按照以下要求观察各种情况下的锥光干涉图,并用铅笔在纸上描绘出它们的主要特征。

(1) 偏压为零时,呈现的单轴晶体的锥光干涉图形。

(2) 加上偏压时,单轴晶体在电场作用下变成双轴晶体,将呈现出双轴晶体的锥光干涉图形。

(3) 改变偏压的极性时,干涉图形旋转 90°。

(4) 改变偏压的大小时,干涉图形不旋转,只是干涉条纹疏密发生变化,说明场强大小的改变只影响相应于感应轴的主折射率的大小,而不影响感应轴的方向。

2. 测定电光调制器的透射光强曲线(即 U_T-U 曲线,又称为静态特性曲线),用极值法求出半波电压 U_π

晶体上只加直流电压,并从小到大逐渐改变电压值时,输出光强将出现极小值和极大值,相邻极小值和极大值对应的直流电压之差就是半波电压。

具体做法是:取下镜头纸,旋转起偏器前的减光偏振片,使光强适当减小,将光靶上的光电三极管对准输出光点,所加直流偏压值在电源面板上的数字表上读取,光电三极管接收的光强信号通过放大器后直接输出到万用表上。

注意 为保护光电三极管,应保证万用表上显示的最大输出电压不能超过 200 mV。实验时,可以先调出极大值,再使直流输出小于此值。

加在晶体上的偏压从零开始,分别在正、负两个方向上增加电压(电源面板上有改变偏压极性的开关),每隔 20 V 测一次输出电压;为了使曲线画的更准确,可在曲线的极小和极大值附近每隔 10 V 测一次,列表记录数据,画出 U_T-U 关系曲线。曲线上 U 坐标轴的正负两个半轴上相邻的两个极大之间对应的电压就是半波电压的 2 倍,这样可以减小测量误差。这种测量半波电压的方法,称为极值法。

为了计算铌酸锂晶体的电光系数,还应记录晶体的尺寸(晶体厚度 d,长度 l)。此外,实验所用 He-Ne 激光的波长 $\lambda = 632.8$ nm,铌酸锂晶体的 o 光折射率为 $n_o = 2.29$。

3. 观察电光调制现象,用调制法测量半波电压

在加直流偏压的同时,再叠加上正弦电压信号(调制信号),同时调节直流偏压的大小,观察不同工作点处输出信号与调制信号间的关系。注意观察:何时出现良好的线性关系,何时出现信号失真,何时出现倍频失真,并据此测量出半波电压。

具体做法是:把电源前面板上的调制信号"输出"接到双踪示波器的 y_1 上,调制器的输出信号射到光电三极管上并经放大后输出到示波器的 y_2,将 y_1、y_2 的信号波形进行比较。

说明 电源面板上的信号选择开关可以提供三种不同的调制信号,按下其中的"正弦"键,机内单一频率的正弦信号振荡器工作,此信号经放大后,加到晶体上。同时,通过面板上的"输出"孔输出此信号,把它接到双踪示波器的 y_1 上,作为参考信号。

将晶体上所加的直流偏压从零逐渐增加到半波电压时,输出波形出现倍频失真;改变晶体上电压的极性后,反向电压加到半波电压时,又出现倍频失真,相继两次出现倍频失真所对应的直流电压(一正一负)之差就是半波电压的两倍(为什么?)。这种测量半波电压的方法称为调制法。

用极值法测量时,很难准确测定 U_T-U 曲线上的极大或极小值的位置,故容易产生较大误差,而用调制法测量时,通过观察波形判断倍频失真,其灵敏度很高,所以测量用调制法比极值法更精确。

具体要求如下。

(1) 用调制法测量半波电压 U_π。

(2) 改变直流偏压的大小(改变工作点),观察和描绘输出波形。

当工作点选定在特性曲线的直线部分,即 $U_0 = \dfrac{U_\pi}{2}$ 附近时,为线性调制;工作点选定在曲线的极大值和极小值处时,输出信号有倍频失真;工作点选定在极大值和极小值附近时输出信号仍然失真。将以上 5 种情况下的波形图在纸上描绘下来,同时描出 y_1 上的参考波形,并在图中准确反映出各种输出波形与参考波形间的频率关系和相位关系,与前面的理论分析做比较,得出必要的结论。

注意　调制信号的幅度应从小到大逐渐增加,且不能调得过大,否则调制信号本身已经失真,无法判断由什么原因引起了输出信号的失真。做这一步实验时,电源上的调制幅度、调制器上的输入光强、放大器的输出、示波器上的 y 轴灵敏度均应适当调节,才能观察到较好的波形。

4. 光通信的演示(选做)

按下电源面板上信号选择开关中的“音乐”键,此时,正弦信号被切断而输出音乐信号。输出信号可同时通过放大器上的扬声器播放。

改变工作点,此时所听到的音质不同。通过通光和遮光,可演示激光通信。将音频讯号接到示波器上,可以看到音乐信号的波形,它是由不同振幅、不同频率的正弦波叠加而成的。也可以用光缆把输出信号和接收器连接起来,实现模拟激光光纤通信。

调制信号也可以采用录音机输出的电信号,把它接到电源面板上的“输入”端,这时要按下信号选择开关中的“外调”键,其他信号源被切断,此时输出录音机放出的音频信号。

【注意事项】

1. 全内腔 He-Ne 激光器刚启动时的输出不很稳定,因此,测定数据之前要使之充分预热。另外,温度变化会影响激光器的输出功率,测量静态特性曲线时,要抓紧时间完成。

2. 光电三极管应避免强光照射,光强应从弱到强缓慢改变,且尽可能在弱光下使用,这样能避免烧坏光电管,同时保证接收器光电转换时线性良好。

3. 晶体又细又长,容易折断,电极是真空镀的铝膜,操作时要注意爱护。晶体电极上面的金属条不能压得太紧,以免压断晶体或给晶体施加应力后改变了晶体的特性。若金属条表面氧化,应把其氧化层擦掉,保持其良好的导电性。

4. He-Ne 激光器出光时,电极上所加的电压高达数千伏,要注意人身安全。

5. 实验结束后,应将电源和放大器上的旋钮沿逆时针方向转到底,然后关掉其电源。

6. 实验前应认真复习示波器的使用方法。

【思考题】

1. 本实验中没有会聚透镜,为什么能够看到锥光干涉图?

2. 在极值法测试半波电压过程中,加在晶体上的直流偏压有什么要注意的地方?

3. 测定输出特性曲线时,为什么光强不能过大?如何调节光强?

4. 实验中,若使起偏器与检偏器的透振方向相互平行,对电光调制器的静态特性曲线有何影响?试推导证明之。

【拓展思考题】

1. 在理解本实验的基础上设计一个声光调制实验?

2. 根据本实验的原理设计如何利用电光调制进行激光测距?

【附录】

1. 一次电光效应与晶体的折射率椭球

由电场所引起的晶体折射率的变化,称为电光效应。通常将电场引起的折射率的变化用下式表示

$$n = n_0 + aE_0 + bE_0^2 + \cdots \tag{6-14-22}$$

式中,a 和 b 为常数,n_0 为 $E_0 = 0$ 时的折射率。由一次项 aE_0 引起折射率变化的效应,称为一次电光效应,也称线性电光效应或泡克尔斯效应;由二次项 bE_0^2 引起折射率变化的效应,称为二次电光效应,也称平方电光效应或克尔效应。由式(6-14-22)可知,一次电光效应只存在于不具有对称中心的晶体中,二次电光效应则可能存在于任何物质中,一次效应要比二次效应显著。

光在各向异性晶体中传播时,因光的传播方向不同或电矢量的振动方向不同,光的折射率也不同。通常用折射率椭球来描述折射率与光的传播方向、振动方向的关系。在主轴坐标中,折射率椭球方程为

$$\frac{x^2}{n_1^2} + \frac{y^2}{n_2^2} + \frac{z^2}{n_3^2} = 1 \tag{6-14-23}$$

式中,n_1, n_2, n_3 为椭球三个主轴方向上的折射率,称为主折射率,如图 6-14-5 所示。从折射率椭球坐标原点 O 出发,向任意方向作一直线 OP,令其代表光波的传播方向 $\boldsymbol{k}$。然后,通过 O 垂直 OP 作椭球的中心截面,该截面是一个椭圆,其长、短半轴的长度 OA 和 OB 分别等于波法线沿 OP、电位移矢量振动方向分别与 OA 与 OB 平行的两个线偏振光的折射率 n' 和 n''。

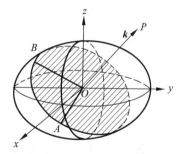

图 6-14-5 折射率椭球

显然 $\boldsymbol{k}$、OA、OB 三者互相垂直,如果光波的传播方向 $\boldsymbol{k}$ 平行于 x 轴,则两个线偏振光波的折射率等于 n_2 和 n_3;同样,当 $\boldsymbol{k}$ 平行于 y 轴和 z 轴时,相应的光波折射率亦可知。

当晶体加上电场后,折射率椭球的形状、大小、方位都发生变化,椭球方程变成

$$\frac{x^2}{n_{11}^2} + \frac{y^2}{n_{22}^2} + \frac{z^2}{n_{33}^2} + 2\frac{yz}{n_{23}^2} + 2\frac{xz}{n_{13}^2} + 2\frac{xy}{n_{12}^2} = 1 \tag{6-14-24}$$

只考虑一次电光效应,式(6-14-24)与式(6-14-23)相应项的系数之差与电场强度的一次方成正比。由于晶体的各向异性,电场在 x, y, z 各个方向上的分量对椭球方程的各个系数影响是不同的,用下列形式表示为

$$
\begin{cases}
\dfrac{1}{n_{11}^2} - \dfrac{1}{n_1^2} = r_{11}E_x + r_{12}E_y + r_{13}E_x \\[2mm]
\dfrac{1}{n_{22}^2} - \dfrac{1}{n_2^2} = r_{21}E_x + r_{22}E_y + r_{23}E_x \\[2mm]
\dfrac{1}{n_{33}^2} - \dfrac{1}{n_3^2} = r_{31}E_x + r_{32}E_y + r_{33}E_z \\[2mm]
\dfrac{1}{n_{23}^2} = r_{41}E_x + r_{42}E_y + r_{43}E_z \\[2mm]
\dfrac{1}{n_{13}^2} = r_{51}E_x + r_{52}E_y + r_{53}E_z \\[2mm]
\dfrac{1}{n_{12}^2} = r_{61}E_x + r_{62}E_y + r_{63}E_z
\end{cases}
\tag{6-14-25}
$$

式（6-14-25）是晶体一次电光效应的普遍表达式，式中 r_{ij} 称为电光系数（$i = 1, 2, \cdots, 6$；$j = 1, 2, 3$），共有 18 个；E_x, E_y, E_z 是电场 E 在 x, y, z 方向上的分量。式（6-14-25）可写成矩阵形式

$$
\begin{pmatrix}
\dfrac{1}{n_{11}^2} - \dfrac{1}{n_1^2} \\[2mm]
\dfrac{1}{n_{22}^2} - \dfrac{1}{n_2^2} \\[2mm]
\dfrac{1}{n_{33}^2} - \dfrac{1}{n_3^2} \\[2mm]
\dfrac{1}{n_{23}^2} \\[2mm]
\dfrac{1}{n_{13}^2} \\[2mm]
\dfrac{1}{n_{12}^2}
\end{pmatrix}
=
\begin{pmatrix}
r_{11} & r_{12} & r_{13} \\
r_{21} & r_{22} & r_{23} \\
r_{31} & r_{32} & r_{33} \\
r_{41} & r_{42} & r_{43} \\
r_{51} & r_{52} & r_{53} \\
r_{61} & r_{62} & r_{63}
\end{pmatrix}
\begin{pmatrix}
E_x \\
E_y \\
E_z
\end{pmatrix}
\tag{6-14-26}
$$

　　晶体的一次电光效应分为纵向电光效应和横向电光效应两种。纵向电光效应是加在晶体上的电场方向与光在晶体里传播的方向平行时产生的电光效应；横向电光效应是加在晶体上的电场方向与光在晶体里传播方向垂直时产生的电光效应，通常 KDP 类型晶体用它的纵向电光效应，$LiNbO_3$ 类型的晶体用它的横向电光效应。

　　本实验主要研究铌酸锂（$LiNbO_3$）晶体的一次电光效应，用铌酸锂晶体的横向调制装置测量铌酸锂晶体的半波电压和电光系数，并用两种方法改变调制器的工作点，观察相应的输出特性的变化。

　　铌酸锂晶体属于三角晶系，3 m 晶类，主轴 z 方向有一个三次旋转轴，光轴与 z 轴重合，是单轴晶体，折射率椭球是旋转椭球，其表达式为

$$
\frac{x^2 + y^2}{n_o^2} + \frac{z^2}{n_e^2} = 1
\tag{6-14-27}
$$

式中，n_o 和 n_e 分别为晶体的寻常光和非常光的折射率。加上电场后折射率椭球发生畸变，对于 3 m 类晶体，由于晶体的对称性，电光系数矩阵形式为

$$r_{ij} = \begin{pmatrix} 0 & -r_{22} & r_{13} \\ 0 & r_{22} & r_{13} \\ 0 & 0 & r_{33} \\ 0 & -r_{51} & 0 \\ r_{51} & 0 & 0 \\ -r_{22} & 0 & 0 \end{pmatrix} \qquad (6\text{-}14\text{-}28)$$

当 x 轴方向加电场，光沿 z 轴方向传播时，晶体由单轴晶体变为双轴晶体，垂直于光轴 z 方向的折射率椭球截面由圆变成椭圆，此椭圆方程为

$$\left(\frac{1}{n_o^2} - r_{22}E_x\right)x^2 + \left(\frac{1}{n_o^2} + r_{22}E_x\right)y^2 - 2r_{22}E_x xy = 1 \qquad (6\text{-}14\text{-}29)$$

进行主轴变换后得到

$$\left(\frac{1}{n_o^2} - r_{22}E_x\right)x'^2 + \left(\frac{1}{n_o^2} + r_{22}E_x\right)y'^2 = 1 \qquad (6\text{-}14\text{-}30)$$

考虑到 $n_o^2 r_{22}E_x \ll 1$，经化简得到

$$\begin{cases} n_{x'} = n_o + \dfrac{1}{2}n_o^3 r_{22}E_x \\[3mm] n_{y'} = n_o - \dfrac{1}{2}n_o^3 r_{22}E_x \end{cases} \qquad (6\text{-}14\text{-}31)$$

当 x 轴方向加电场时，新折射率椭球除绕 z 轴转 $45°$ 外，还要绕 y 轴转动一个小角度，计算表明此角度小于 $1°$，所以可认为 $n_{z'} = n_e$。

2. 会聚偏振光的干涉

当会聚偏振光照射到厚度均匀的晶片时，光线将以各种倾角入射，以某一倾角入射的线偏光在晶体中分解成的 o 光和 e 光将以同一倾角出射，通过检偏器后发生相干叠加，在此，相干光的相位差将随倾角而变，于是就会在不同角度上观察到干涉条纹。

观察会聚偏振光干涉的实验装置如图 6-14-6 所示。P_1、P_2 是透振方向正交的偏振片，L_1、L_2、L_3、L_4 是透镜，C 是光轴与表面垂直的晶片（这里仅讨论单轴晶体）。短焦距透镜 L_2 把经过 L_1 和 P_1 产生的平行光线偏振光高度会聚地投射到晶体上，以不同角度入射的光线在晶体中发生双折射，分解为 o 光和 e 光两个互相垂直的振动分量，两束光以同样的角

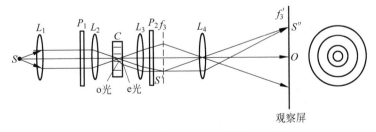

图 6-14-6　观察会聚偏振光干涉的实验装置

度出射，经 L_3 和 P_2 后变成具有一定相位差的相干线偏光，并聚焦于焦平面 f_3 上一点；为了加大视野，便于观察，又利用 L_4 将焦平面 f_3 成像于观察屏（f_3' 处）。因此，以相同方向入射的光，最终必会聚于屏上的同一点处，而与光路的中心轴成相同夹角的光应具有相同的干涉级次，形成同一条等倾干涉条纹，显然条纹的形状应为同心圆。

下面进行简单分析。沿着中心轴方向入射（倾角为零）的光沿着晶体的光轴传播，不会发生双折射，o 光和 e 光的相位差 $\delta=0$，又因两偏振片的作用，投射于屏上 O 点的光强应为 0，即 O 点处应为暗斑。对于单轴晶体，δ 仅与通过晶体光线的倾角有关，随着倾角的加大，δ 将逐渐增加，当满足 $\delta=2k\pi$（k 为整数）时，屏上相应半径的圆环应为明条纹，当满足 $\delta=(2k+1)\pi$ 时，屏上相应半径的圆环应为暗条纹，因此得到以 O 点为圆心的一系列明暗相间的圆形干涉条纹。

考虑射于屏上 Q 点的光线，其与晶体 C 共同决定的主平面沿半径 OQ 方向，射到晶体 C 中的光波的电矢量 $\boldsymbol{E}$ 平行于 P_1，如图 6-14-7 所示，设其振幅为 A，在 C 中分解为 $\boldsymbol{E}_o$ 和

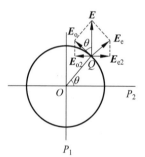

$\boldsymbol{E}_e$，它们分别沿着圆周的切线方向和半径方向，其振幅为

$$A_o=A\cos\theta, \quad A_e=A\sin\theta$$

经 P_2 后再次投影，振幅变为

$$A_{o2}=A\cos\theta\sin\theta, \quad A_{e2}=A\sin\theta\cos\theta$$

相干叠加后，得到屏上的强度分布为

$$I=A_{o2}^2+A_{e2}^2+2A_{o2}A_{e2}\cos(\delta+\pi)=A^2\sin^2 2\theta\sin^2\frac{\delta}{2}$$

式中，因子 $\sin^2\dfrac{\delta}{2}$ 是 δ 的周期函数，它说明干涉条纹应该是

图 6-14-7　干涉图样的形成原因

同心圆，而因子 $\sin^2 2\theta$ 表明，圆环上不同角度的光并非均匀分布，而是按照一定规律变化，尤其在 $\theta=0,\pi/2,\pi,3\pi/2$ 处，$I=0$，即在圆形干涉条纹的中，存在一个"黑十字"，其中心为 O 点，十字的方向分别与两个偏振片的透振方向平行。

至于双轴晶体的干涉图样的分析解释，则要复杂得多，在此从略。观察会聚偏振光的方式是多种多样的，晶体的光轴和偏振片的取向都可与此处所述的有所不同，所得的干涉图样也是千变万化的。

会聚偏振光干涉的最重要的应用是在矿物学中，人们在偏光显微镜下根据干涉图样来鉴定各种矿物标本。例如，可以利用偏振光干涉现象，再结合岩石矿物的形态、纹理等特征，判断矿石各部分组成，继而确定岩石矿物的组分和储油性质。

参 考 文 献

[1] 孙为,唐军杰,王爱军,等.大学物理实验[M].东营:中国石油大学出版社,2007.

[2] 李艳萍,苏中乾,刘忠坤.大学物理实验教程[M].北京:机械工业出版社,2019.

[3] 杨述武,孙迎春,沈国土.普通物理实验[M].5版.北京:高等教育出版社,2015.

[4] 黄志高,郑卫峰,冯卓宏.大学物理实验[M].3版.北京:高等教育出版社,2020.

[5] 全国法制计量管理计量技术委员会.测量不确定度评定与表示:JJF 1059.1—2012[S].北京:中国标准出版社,2012.

[6] 全国法制计量管理计量技术委员会.通用计量术语及定义:JJF 1001—2011[S].北京:中国标准出版社,2011.

[7] 全国统计方法应用标准化技术委员会.数值修约规则与极限数值的表示和判定:GB/T 8170—2008[S].北京:中国标准出版社,2008.

[8] 盛骤,谢式千,潘承毅.概率论与数理统计[M].北京:高等教育出版社,1989.

[9] 朱鹤年.基础物理实验讲义[M].北京:清华大学出版社,2013.

[10] 丁慎训,张连芳.物理实验教程[M].北京:清华大学出版社,2002.

[11] 张皓晶.光学平台上的综合设计性物理实验[M].北京:科学出版社,2017.

[12] 周惟公,张自力,郑志远.大学物理实验[M].3版.北京:高等教育出版社,2020.

[13] 江美福,方建兴.大学物理实验教程(下册)[M].3版.北京:高等教育出版社,2021.

[14] 黄耀清,赵宏伟,葛坚坚.大学物理实验教程:基础综合性实验[M].北京:机械工业出版社,2020.

[15] 郑志远,张自力,高华,等.大学物理实验[M].北京:清华大学出版社,2022.

[16] 唐芳,董国波.基础物理实验(上册)[M].北京:机械工业出版社,2020.

附 录 A

附表 A-1　本书中实验项目所用到的一般和典型实验方法

序号	实验项目名称	所测的主要物理量	一般实验方法	其他典型实验方法
1	刚体转动惯量的测定	角位移/时间	比较法	
2	用玻尔共振仪研究受迫振动	周期/振幅/相位	比较法	
3	空气密度与气体普适常量测量	质量/体积/压强	比较法	
4	电热法测定液体的比热容	电压/电流/时间/质量/温度	比较法	热平衡 漏热补偿
5	数字万用表的设计、制作与校准	电压/电流/电阻	比较法	
6	新能源电池综合特性实验	输出电压/电流	比较法	
7	直流电桥测量电阻	电阻	比较法	电学平衡 交换补偿
8	铜丝电阻温度系数的测定	不同温度时的电阻	比较法	电学平衡
9	用非平衡电桥测量电阻	不同温度时的电阻	比较法	电学平衡
10	CCD棱镜摄谱仪测波长	谱线间距	比较法	
11	电位差计的原理与应用	电动势（电压）	比较法	电学平衡 电压补偿
12	用电位差计校准电表和测电阻	电压/电阻	比较法	电学平衡 电压补偿
13	用拉伸法测量钢丝的弹性模量	钢丝伸长量	光学放大法	换向补偿
14	旋转液体的物理特性研究	液面的倾角	光学放大法	
15	自组式等厚干涉实验	曲率半径/微小厚度	光学放大法	转换法
16	分光计的调节及应用	衍射角	机械放大法	
17	利用分光计测固体折射率	折射角	机械放大法	
18	双棱镜干涉测定光波波长	干涉条纹间距	电子放大法	
19	典型传感器特性研究	力学量	力电转换法	
20	弗兰克-赫兹实验	原子的能级差	力电转换法	
21	准稳法测热导率和比热容	温度差	热电转换法	稳态平衡
22	利用磁电阻传感器测量地磁场	地磁场	磁电转换法	换向补偿
23	利用霍耳效应测量磁场	螺线管的磁场	磁电转换法	换向补偿
24	光电效应法测量普朗克常量	普朗克常量	光电转换法	
25	温度传感器特性研究	不同温度时的电阻	转换法	电学平衡

续表

序号	实验项目名称	所测的主要物理量	一般实验方法	其他典型实验方法
26	用拉脱法测量液体的表面张力系数	表面张力	力力转换法	力学平衡
27	落球法测量液体黏度	黏滞阻力/速度	力力转换法	力学平衡
28	密立根油滴法测定电子电荷	电荷所受电场力	力力转换法	力学平衡
29	超声检测综合实验	声速/界面深度	转换法（反射）	
30	声悬浮实验	声悬浮现象	转换法（驻波）	
31	用动态法测定杨氏模量	杨氏模量	转换法（驻波）	
32	等厚干涉	曲率半径/小厚度	转换法（干涉）	
33	全息照相	物体的图像	转换法（干涉）	
34	偏振光的观察和应用	糖溶液浓度	转换法（偏振）	
35	多普勒效应综合实验	物体运动的速度	转换法（多普勒）	
36	双光栅微弱振动测量	微小振动	转换法（多普勒）	
37	固体、液体及气体中声速的测量	声波的传播速度	转换法（驻波/相位）	
38	用超声光栅测量声速	声波的传播速度	转换法（驻波/衍射）	
39	晶体电光调制及其应用	电光调制现象	转换法（偏振/干涉）	
40	气轨上的实验——动量守恒定律的验证	无摩擦时的速度	物理模拟法	
41	示波器的原理与使用	振动周期和振幅	物理模拟法	
42	空气热机实验	热机效率	物理模拟法	
43	迈克耳孙干涉仪	波长/折射率	物理模拟法	光程补偿
44	用模拟法研究静电场	静电场的电势	数学模拟法	

附录 B

B.1 中华人民共和国法定计量单位

附表 B-1-1 国际单位制的基本单位

量 的 名 称	单 位 名 称	单 位 符 号
长度	米	m
质量	千克（公斤）	kg
时间	秒	s
热力学温标	开[尔文]	K
电流	安[培]	A
物质的量	摩[尔]	mol
发光强度	坎[德拉]	cd

附表 B-1-2 国际单位制的辅助单位

量 的 名 称	单 位 名 称	单 位 符 号
平面角	弧度	rad
立体角	球面度	sr

附表 B-1-3 国家选定的非国际单位制单位

量 的 名 称	单 位 名 称	单 位 符 号	换算关系和说明
时间	分	min	1 min＝60 s
	[小]时	h	1 h＝60 m＝360 s
	天（日）	d	1 d＝24 h＝86 400 s
平面角	[角]秒	(″)	$1″＝(\pi/64\ 800)$ rad
	[角]分	(′)	$1′＝60″＝(\pi/10\ 800)$ rad
	度	(°)	$1°＝60′＝(\pi/180)$ rad
旋转速度	转每分	r・min^{-1}	$1\ s・min^{-1}＝(1/60)\ s^{1}$
长度	海里	n mile	1n mile＝1 852 m（只用于海程）
速度	节	kn	$1\ kn＝1\ n\ mile・h^{-1}＝1\ 852$ m（只用于海程）

续表

量 的 名 称	单 位 名 称	单 位 符 号	换 算 关 系 和 说 明
质量	吨 原子质量单位	t u	$1 \text{ t}=10^3 \text{ kg}$ $1 \text{ u}\approx1.660\,565\times10^{-27} \text{ kg}$
体积	升	l	$1 \text{ l}=1 \text{ dm}^3=10^3 \text{ m}^3$
能	电子伏	ev	$1 \text{ ev}\approx1.602\,189\,2\times10^{-19} \text{ J}$
级差	分贝	dB	
线密度	特[克斯]	tex	$1 \text{ tex}=1 \text{ g}\cdot\text{km}^{-1}$

附表 B-1-4 单位词冠

因　　数	词　　冠		代　　号	
			中　文	国　际
倍 数	10^{18}	艾可萨　　　（exa）	艾	E
	10^{15}	拍它　　　　（peta）	拍	P
	10^{12}	太拉　　　　（tera）	太	T
	10^{9}	吉加　　　　（giga）	吉	G
	10^{6}	兆　　　　　（mega）	兆	M
	10^{3}	千　　　　　（kilo）	千	K
	10^{2}	百　　　　　（hecto）	百	h
	10^{1}	十　　　　　（deca）	十	da
分 数	10^{-1}	分　　　　　（deci）	分	d
	10^{-2}	厘　　　　　（centi）	厘	c
	10^{-3}	毫　　　　　（milli）	毫	m
	10^{-6}	微　　　　　（micro）	微	μ
	10^{-9}	纳诺　　　　（nano）	纳	n
	10^{-12}	皮可　　　　（pico）	皮	p
	10^{-15}	飞母托　　　（femto）	飞	f
	10^{-18}	阿托　　　　（atto）	阿	a

附表 B-1-5 国际单位制中具有专门名称的导出单位

量 的 名 称	单位名称	单位符号	其他表示示例	备　　注
频率	赫[兹]	Hz	s^{-1}	
力；重力	牛[顿]	N	$kg\cdot m\cdot s^{-2}$	$1 \text{ 达因}=10^{-5} \text{ N}$
压力；压强；应力	帕[斯卡]	Pa	$N\cdot m^{-2}$	
能量；功；热	焦[耳]	J	$N\cdot m$	$1 \text{ 尔格}=10^{-7} \text{ J}$
功率；辐射通量	瓦[特]	W	$J\cdot s^{-1}$	$1 \text{ 尔格/秒}=10^{-7} \text{ W}$
电荷量	库仑	C	$A\cdot S$	$1 \text{ 静库仑}=\dfrac{10^{-9}}{2.998} \text{ C}$
电位；电压；电动势	伏特	V	$W\cdot A^{-2}$	$1 \text{ 静伏特}=2.993\times10^2 \text{ V}$
电容	法拉	F	$C\cdot V^{-1}$	
电阻	欧姆	Ω	$V\cdot A^{-1}$	
电导	西门子	S	$A\cdot V^{-1}$	
磁通量	韦[伯]	Wb	$V\cdot s$	

续表

量 的 名 称	单位名称	单位符号	其他表示示例	备 注
磁通量密度；磁感应强度	特[斯拉]	T	$Wb \cdot m^{-2}$	1 高斯(Gs)$=10^{-4}$ T
电感	亨[利]	H	$Wb \cdot A^{-1}$	
摄氏温度	摄[氏度]	℃		
光通量	流[明]	lm	$cd \cdot sr$	
光照度	勒[克斯]	lx	$lm \cdot m^{-2}$	
放射性活度	贝可[勒尔]	Bq	s^{-2}	
吸收剂量	戈[瑞]	Gy	$J \cdot kg^{-1}$	
剂量当量	希[沃特]	Sv	$J \cdot kg^{-1}$	

B.2　一些常用的物理数据表

附表 B-2-1　基本的和重要的物理常数表

名　　称	符　号	数　　值	单 位 符 号
真空中的光速	c	$2.997\ 924\ 58 \times 10^8$	$m \cdot s^{-1}$
基本电荷	e	$1.602\ 189\ 2 \times 10^{-19}$	C
电子的静止质量	m_0	$9.109\ 534 \times 10^{-31}$	kg
中子的质量	m_n	1.675×10^{-27}	kg
质子的质量	m_p	1.675×10^{-27}	kg
原子质量单位	u	$1.660\ 565\ 5 \times 10^{-27}$	kg
普朗克常数	h	$6.626\ 176 \times 10^{-34}$ 或 4.136×10^{-15}	$J \cdot s$ $eV \cdot s$
阿伏伽德罗常数	N_0	$6.022\ 045 \times 10^{-23}$	mol^{-1}
摩尔气体常数	R	$8.314\ 41$	$J \cdot mol^{-1} \cdot K^{-1}$
玻尔兹曼常数	k	$1.318\ 066\ 2 \times 10^{-23}$ 或 8.617×10^{-15}	$J \cdot K^{-1}$ $eV \cdot K^{-1}$
万有引力常数	G	6.67×10^{-11}	$N \cdot m^2 \cdot kg^{-2}$
法拉第常数	F	$9.648\ 456 \times 10^4$	$C \cdot mol^{-1}$
热功当量	Q	4.186	$J \cdot cal^{-1}$
里德堡常数	R_∞ R_H	$1.097\ 383\ 177 \times 10^7$ $1.096\ 775\ 76 \times 10^7$	m^{-1}
洛喜密德常数	n	$2.687\ 19 \times 10^{25}$	m^{-1}
库仑常数	$e^2/4\pi\varepsilon_0$	14.42	$eV \cdot \overset{\circ}{A}$
电子荷质比	e/m_e	$1.758\ 804\ 7 \times 10^{11}$	$C \cdot kg^{-1}$
电子经典半径	$r_e = e^2/4\pi\varepsilon_0 Mc^2$	2.818×10^{-13}	m
电子静止能量	$m_e c^2$	$0.511\ 0$	MeV
质子静止能量	$m_p c^2$	938.3	MeV
原子质量单位的等价能量	Mc^2	$9\ 315$	MeV
电子的康普照顿波长	$\lambda_c = h/Mc$	2.426×10^{-12}	m
电子磁矩	$\mu = E\pi/2M$	$0.927\ 3 \times 10^{-23}$	$J \cdot m^2 \cdot Wb^{-1}$
玻尔半径	$a = 4\pi\varepsilon_0 h^2/me^2$	$0.529\ 2 \times 10^{-10}$	m

续表

名　　称	符　　号	数　　值	单位符号
标准大气压	p_0	101 325	Pa
冰点绝对温度	T_0	273.15	K
标准状态下声音在空气中的速度	c	331.46	$m \cdot s^{-1}$
标准状态下干燥空气密度	$\rho_{空气}$	1.293	$kg \cdot m^{-3}$
标准状态下水银密度	$\rho_{水银}$	13 595.04	$kg \cdot m^{-3}$
标准状态下理想气体的摩尔体积	V_m	$22.413\,83 \times 10^{-3}$	$m^3 \cdot mol^{-1}$
真空介电常数(电容率)	ε_0	$8.954\,188 \times 10^{-22}$	$F \cdot m^{-1}$
真空的磁导率	μ_0	$12.566\,371 \times 10^{-7}$	$H \cdot m^{-1}$
钠光谱中黄线波长	D	589.3×10^{-7} $\begin{pmatrix} D_1 & 589.0 \times 10^{-9} \\ D_2 & 589.6 \times 10^{-9} \end{pmatrix}$	m
在15℃、101 325 Pa时镉光谱中红线的波长	λ_{cd}	$643.846\,96 \times 10^{-9}$	m
转换因子			

$1\,ev = 1.602 \times 10^{-19}\,J$

$1\,\overset{\circ}{A} = 10^{-10}\,m$

$1\,u = 1.661 \times 10^{-27}\,kg$

附表 B-2-2　在标准大气压下不同温度的水的密度

温度 $t/℃$	密度 $\rho/(kg \cdot m^{-3})$	温度 $t/℃$	密度 $\rho/(kg \cdot m^{-3})$	温度 $t/℃$	密度 $\rho/(kg \cdot m^{-3})$
0	999.841	17	998.774	34	994.371
1	999.900	18	998.595	35	994.031
2	999.941	19	998.405	36	993.68
3	999.965	20	998.203	37	993.33
4	999.973	21	997.992	38	992.96
5	999.965	22	997.770	39	992.59
6	999.941	23	997.638	40	995.21
7	999.902	24	997.296	41	991.83
8	999.849	25	997.044	42	991.44
9	999.781	26	996.783	50	988.04
10	999.700	27	996.512	60	983.21
11	999.605	28	996.232	70	977.78
12	999.498	29	995.944	80	971.80
13	999.377	30	995.646	90	965.31
14	999.244	31	995.340	100	958.35
15	999.099	32	995.025		
16	998.943	33	994.702		

附表 B-2-3　在 20℃ 时常用固体和液体的密度

物质	密度 $\rho/(kg \cdot m^{-3})$	物质	密度 $\rho/(kg \cdot m^{-3})$
铝	2 698.9	水晶玻璃	2 900~3 000
铜	8 960	窗玻璃	2 400~2 700
铁	7 874	冰(0℃)	800~920
银	10 500	甲醇	792
金	19 320	乙醇	789.4
钨	19 300	乙醚	714
铂	21 450	汽车用汽油	710~720
铅	11 350	氟利昂-12(氟氯烷-12)	1 329
锡	7 298	变压器油	840~890
水银	13 546.2	甘油	1 060
钢	7 600~7 900	蜂蜜	1 435
石英	2 500~2 800		

附表 B-2-4　气体的密度(在 101 325 Pa,0℃ 下)

物质	密度 $\rho/(kg \cdot m^{-3})$	物质	密度 $\rho/(kg \cdot m^{-3})$
Ar	1.783 7	Cl_2	3.214
H_2	0.089 9	NH_3	0.771 0
He	0.178 5	乙炔	1.173
Ne	0.900 3	乙烷	1.356(10℃)
N_2	1.250 5	甲烷	0.716 8
O_2	1.429 0	丙烷	2.009
CO_2	1.977		

附表 B-2-5　液体的黏度　　　　　　　　　　　　10^{-4} Pa·s

温度 $t/℃$	水	水银	乙醇	氯苯	苯	四氯化碳
0	17.94	16.85	18.43	10.56	9.12	13.5
10	13.10	16.15	15.25	9.15	7.58	11.3
20	10.09	15.54	12.0	8.02	6.52	9.7
30	8.00	14.99	9.91	7.09	5.64	8.4
40	6.54	14.50	8.29	6.35	5.03	7.4
50	5.49	14.07	7.06	5.74	4.42	6.5
60	4.70	13.67	5.91	5.20	3.91	5.9
70	4.07	13.31	5.03	4.76	3.54	5.2
80	3.57	12.98	4.35	4.38	3.23	4.7
90	3.17	12.68	3.76	3.97	2.86	4.3
100	2.84	12.40	3.25	3.67	2.61	3.9

附表 B-2-6　液体的黏度

液体	温度 $t/℃$	黏度 $\eta/(10^{-4}\ Pa \cdot s)$	液体	温度 $t/℃$	黏度 $\eta/(10^{-4}\ Pa \cdot s)$
汽油	0	1 788	甘油	-20	134×10^{6} B
	18	530		0	121×10^{5}
甲醇	0	717		20	$1\ 499 \times 10^{3}$
	20	584		100	12 945
乙醇	-20	2 780	蜂蜜	20	650×10^{4}
	0	1 780		80	100×10^{8}
	20	1 190	鱼肝油	20	45 600
乙醚	0	296		80	4 600
	20	243	水银	-20	1 855
变压器油	20	19 800		0	1 685
蓖麻油	10	242×10^{4}		20	1 554
葵花油	20	5 000		100	1 224

附表 B-2-7　在不同温度下与空气接触的水的表面张力系数

温度/℃	表面张力系数/$(10^{-3}\ N \cdot m^{-1})$	温度/℃	表面张力系数/$(10^{-3}\ N \cdot m^{-1})$
0	75.62	20	72.75
5	74.90	21	72.60
6	74.76	22	72.44
8	74.48	23	72.28
10	74.20	24	72.12
11	74.07	25	71.96
12	73.92	30	71.15
13	73.78	40	69.55
14	73.64	50	67.90
15	73.48	60	66.17
16	73.34	70	64.41
17	73.20	80	62.60
18	73.05	90	60.74
19	72.89	100	58.84

附表 B-2-8　在 20℃ 时与空气接触的液体的表面张力系数

液体	表面张力系数/$(10^{-3}\ N \cdot m^{-1})$	液体	表面张力系数/$(10^{-3}\ N \cdot m^{-1})$
航空汽油(10℃)	21	甘油	63
石油	30	水银	513
煤油	24	甲醇(20℃)	22.6
松节油	28.8	甲醇(0℃)	24.5
水	72.75	乙醇(20℃)	22.0
肥皂溶液	40	乙醇(60℃)	18.4
氟利昂-12	9.0	乙醇(0℃)	24.1
蓖麻油	36.4		

附表 B-2-9 固体中的声速（沿棒传播的纵波）

固体	声速/(m·s⁻¹)	固体	声速/(m·s⁻¹)
铝	5 000	锡	2 730
黄铜(Cu70%,Zn30%)	3 480	钨	4 320
铜	3 750	锌	3 850
硬铝	5 150	银	2 680
金	2 030	硼硅酸玻璃	5 170
电解铁	5 120	重硅钾铅玻璃	3 720
铅	1 210	轻氯铜银冕玻璃	4 540
镁	4 940	丙烯树脂	1 840
莫涅尔合金	4 400	呢绒	1 800
镍	4 900	聚乙烯	920
铂	2 800	聚苯乙烯	2 240
不锈钢	5 000	熔融石英	5 760

附表 B-2-10 液体中的声速（20℃）

液体	声速/(m·s⁻¹)	液体	声速/(m·s⁻¹)
CCl_4	935	$C_3H_8O_3$（甘油）	1 923
C_6H_6	1 324	CH_3OH	1 121
$CHBr_3$	928	C_2H_5OH	1 168
$C_6H_5CH_3$	1 327.5	CS_2	1 158.0
CH_3COCH_3	1 190	H_2O	1 482.9
$CHCl_3$	1 002.5	Hg	1 451.0
C_6H_5Cl	1 284.5	NaCl(4.8%水溶液)	1 542

附表 B-2-11 气体中的声速（在 101 325 Pa,0℃下）

气体	声速/(m·s⁻¹)	气体	声速/(m·s⁻¹)
空气	331.45	H_2O(水蒸气)(100℃)	404.8
Ar	319	He	970
CH_4	432	N_2	337
C_2H_4	314	NH_3	415
CO	337.1	NO	325
CO_2	258.0	N_2O	261.8
CS_2	189	Ne	435
Cl_2	205.3	O_2	317.2
H_2	1 269.5		

附表 B-2-12 在水平面上不同纬度处的加速度*

纬度 φ/(°)	g/(m·s⁻²)	纬度 φ/(°)	g/(m·s⁻²)
0	9.780 49	20	9.786 52
5	9.780 88	25	9.789 69
10	9.780 24	30	9.793 38
15	9.783 94	35	9.797 46

纬度 $\varphi/(°)$	$g/(\mathrm{m \cdot s^{-2}})$	纬度 $\varphi/(°)$	$g/(\mathrm{m \cdot s^{-2}})$
40	9.801 80	70	9.826 14
45	9.806 29	75	9.828 73
50	9.810 79	80	9.830 65
55	9.815 15	85	9.831 82
60	9.819 24	90	9.832 21
65	9.822 94		

* 表中所列的数值系根据公式 $g = 9.780\ 49(1 + 0.005\ 288\sin^2\varphi - 0.000\ 006\sin^2 2\varphi)$ 算出，其中 φ 为纬度。

附表 B-2-13　在 20℃ 时某些金属的弹性模量（杨氏模量*）

金属	杨氏模量 Y	
	吉帕/GPa	牛顿·米^2/(N·m^{-2})
铝	70.00～71.00	7.000～7.100×10^{10}
钨	415.0	4.150×10^{11}
铁	190.0～210.0	1.900～2.100×10^{11}
铜	105.0～130.0	1.050～1.300×10^{11}
金	79.00	7.900×10^{10}
银	70.00～82.00	7.000～8.200×10^{10}
锌	800.0	8.000×10^{10}
镍	205.0	2.050×10^{11}
铬	240.0～250.0	2.400×10^{11}
合金钢	210.0～220.0	2.100～2.200×10^{11}
碳钢	200.0～210.0	2.000～2.100×10^{11}
康铜	163.0	1.630×10^{11}

* 杨氏弹性模量的值与材料的结构、化学成分及加工制造方法有关，因此在某些情况下，Y 的值可能跟表中所列的平均值不同。

附表 B-2-14　固体的比热容

物质	温度/℃	比热容	
		kcal/(kg·K)	kJ/(kg·K)
铝	—	0.214	0.895
黄铜	20	0.091 7	0.380
铜	20	0.092	0.385
铂	20	0.032	0.134
生铁	20	0.013	0.54
铁	0～100	0.115	0.481
铅	20	0.030 6	0.130
镍	20	0.115	0.481
银	20	0.056	0.234
钢	20	0.107	0.477
锌	20	0.093	0.389
玻璃	20	0.14～0.22	0.585～0.920

续表

物质	温度/℃	比 热 容	
		kcal/(kg·K)	kJ/(kg·K)
冰	0	0.43	1.797
水	−40～0	0.999	4.176

附表 B-2-15　液体的比热容

液　体	温度/℃	比 热 容	
		kcal/(kg·K)	kJ/(kg·K)
乙醇	0	2.55	0.58
	20	2.30	0.59
甲醇	0	2.47	0.58
	20	2.43	0.59
乙醚	20	2.47	0.56
水	0	2.34	1.009
	20	4.220	0.999
氟利昂-12	20	4.182	0.20
变压器油	0～100	0.84	0.45
汽油	10	1.88	0.34
	50	1.42	0.50
水银	0	2.09	0.035 0
	20	0.146 5	0.033 2
甘油	18	0.139 0	—

附表 B-2-16　某些金属或合金的电阻率及其温度系数*

金属或合金	电阻率/($\mu\Omega\cdot$m)	温度系数/℃$^{-1}$	金属或合金	电阻率/($\mu\Omega\cdot$m)	温度系数/℃$^{-1}$
铝	0.028	42×10^{-4}	锌	0.059	42×10^{-4}
铜	0.017 2	43×10^{-4}	锡	0.12	44×10^{-4}
银	0.016	40×10^{-4}	水银	0.958	10×10^{-4}
金	0.024	40×10^{-4}	武德合金	0.52	37×10^{-4}
铁	0.098	60×10^{-4}	钢(0.10%～0.15%碳)	0.10～0.14	6×10^{-3}
铅	0.205	37×10^{-4}	康铜	0.47～0.51	$(-0.04\sim0.01)\times10^{-3}$
铂	0.105	39×10^{-4}	铜锰镍合金	0.34～1.00	$(-0.03\sim0.02)\times10^{-3}$
钨	0.055	48×10^{-4}	镍铬合金	0.98～1.10	$(0.03\sim0.4)\times10^{-3}$

* 电阻率与金属中的杂质有关,因此表中列出的只是 20℃时电阻率的平均值。